发现更多·9+

夜空

【美】贾尔斯·斯帕罗/著

郑晓刚/译

天津出版传媒集团

新蕾出版社

图书在版编目 (CIP) 数据

夜空 /（美）贾尔斯·斯帕罗 (Giles Sparrow) 著；
郑晓刚译 . –– 天津：新蕾出版社，2017.3
（发现更多·9+）
书名原文：Night Sky
ISBN 978-7-5307-6494-7

Ⅰ.①夜… Ⅱ.①贾… ②郑… Ⅲ.①星系—儿童读
物 Ⅳ.① P152-49

中国版本图书馆 CIP 数据核字 (2016) 第 291796 号

出版发行：天津出版传媒集团
　　　　　新蕾出版社
e-mail:newbuds@public.tpt.tj.cn
http://www.newbuds.cn
地　　址：天津市和平区西康路 35 号（300051）
出 版 人：马梅
电　　话：总编办 (022)23332422
　　　　　发行部 (022)23332679 23332677
传　　真：(022)23332422
经　　销：全国新华书店
印　　刷：北京尚唐印刷包装有限公司
开　　本：889mm×1194mm 1/12
印　　张：9.5
版　　次：2017 年 3 月第 1 版　2017 年 3 月第 1 次印刷
定　　价：68.00 元

如何阅读本书

在开始之前，请你先来了解一下如何阅读本书，这可以帮助你获得更多的阅读乐趣。

介绍
大多数页面都有一个关于主题的总体介绍。

惊人的事实
字号较大的文字或数字告诉你一个惊人的事实或者引述！

页面设计

每一页都包含大量详实的信息、精彩的图片和丰富的知识。

你能看到什么
这种对比框引导你自己去认识夜空中的天体，每个框会指引你去找什么。

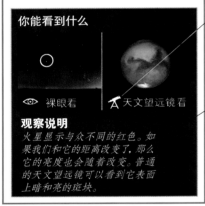

观察图标
告诉你如何通过不同方式观察，用裸眼、双筒望远镜或者天文望远镜。

观察说明
告诉你所寻找天体的各种特点，比如光度、颜色，以及行星的大小。

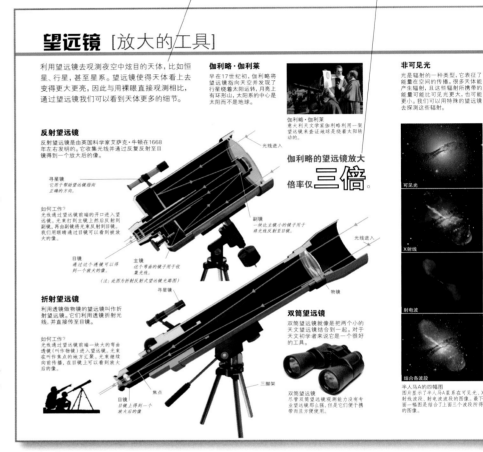

望远镜 [放大的工具]

利用望远镜去观测夜空中炫目的天体，比如恒星、行星，甚至星系。望远镜使得天体看上去变得更大更亮，因此与用裸眼直接观测相比，通过望远镜我们可以看到天体更多的细节。

伽利略·伽利莱
早在17世纪初，伽利略将望远镜指向天空并发现了行星绕着太阳运转，月亮上有环形山，太阳系的中心是太阳而不是地球。

伽利略·伽利莱
意大利天文学家伽利略利用一架望远镜来查证地球是绕着太阳转动的。

伽利略的望远镜放大倍率仅三倍。

反射望远镜
反射望远镜是由英国科学家艾萨克·牛顿在1668年左右发明的。它收集光线并通过反复反射至目镜得到一个放大后的像。

如何工作？
光线通过望远镜前端的开口进入望远镜。光束打到目镜上然后反射到副镜，再由副镜将光束反射到目镜。我们用眼睛通过目镜可以看到放大的像。

寻像镜
它用于帮助望远镜指向正确的方向。

光线进入

副镜
比主镜小的镜子用于将光线反射至目镜。

目镜
通过这个透镜可以得到一个放大的像。

主镜
这个弯曲的镜子用于收集光线。

（注：此图为折射反射式望远镜光路图）

折射望远镜
利用透镜做物镜的望远镜叫作折射望远镜，它们利用透镜折射光线，并直接传至目镜。

如何工作？
光线通过望远镜前端一块大的弯曲透镜（叫作物镜）进入望远镜，光束在叫作物镜的地方汇聚。光束继续向前传播，在目镜上可以看到放大后的像。

寻像镜

光线进入

物镜

集点

焦点

目镜
目镜上得到一个放大后的像

三脚架

双筒望远镜
双筒望远镜就像是把两个小的天文望远镜结合在一起。对于天文初学者来说它是一个很好的工具。

双筒望远镜
尽管双筒望远镜观测能力没有专业天文望远镜那么强，但是它们便于携带而且方便使用。

非可见光
光线是辐射的一种类型，它表征了能量在空间的传播。很多天体能产生辐射，且这些辐射所携带的能量可能比可见光更大，也可能更小。我们可以利用特殊的望远镜去探测这些辐射。

可见光

X射线

射电波

结合各波段

半人马A的四幅图
图片显示了半人马星系在可见光、X射线和波段的图像。最下面一幅图是结合了上面三个波段的图像。

更多知识、更多乐趣、更多互动，尽在《照亮黄道带》！

登录新蕾官网
www.newbuds.cn
下载你的互动电子书吧！

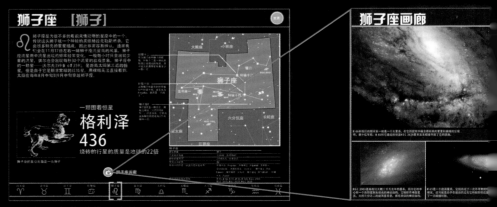

给出每一个黄道带星座的星图。

点击弹出窗口，了解相关知

警告框

遵循这些指引，以确保你的眼睛
不会在观察天空时受到伤害。

页面类型

注意不同类型的页面。星座
页面包括了图表，帮助你认
识不同的恒星组合。关于行
星、月球、太阳和星系的主
题页面中有更多天体等待
着你去寻找，同时为你解释
宇宙的运行规律。

18/19

更多信息

更多信息

这里会给你推荐延伸阅读的书
籍、可参观的有趣的地方、网络搜
索关键词以及可以亲自去做的一
些事。

"更多信息"一栏里图示
的含义

延伸阅读　　可做的事情

网络搜索　　参观有趣
关键词　　　的地方

用望远镜　　观看视频
看一看

迷你词汇表

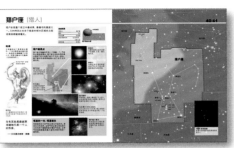

▲ 星座页面

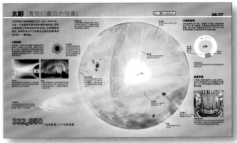

▲ 主题页面

▲ 图片页面

认识主要星座背后
的故事和星座中独
特的恒星。利用星
图去寻找天空中
恒星的组合模式。

主题页面有详细的
插图和表格，告诉
你有趣和惊人的
事实。

图片页面专门讲
述不同寻常的主
题，其中包括来自
哈勃空间望远镜
和美国国家航空
航天局的图片。

词汇表和索引

词汇表帮助解释那些在页面或者"更多信息"一栏里没
有解释详细的词汇。索引能帮助你找到某个词汇出现
在书中的哪一页。

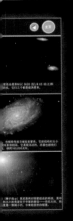

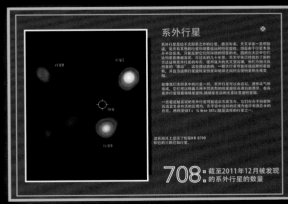

百科全书条目，更多精彩发现。

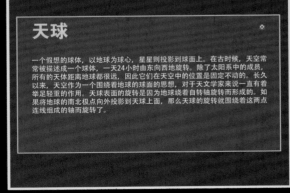

了解关于夜空的词汇。

如果一个人从来没有抬头仰望过密布着无数星星的夜空这一奇观，他将失去认识宇宙的基本感觉。

——布莱恩·葛林，美国哥伦比亚大学物理教授

目录

北极光

惊人的北极光使得靠近北极地区的观天者异常兴奋。北极光是自然产生的光，它是由太阳风粒子（见36页）与地球大气层相互碰撞产生的。它导致了斑斓的色彩在天空中舞动。

星系碰撞

星系都非常巨大且相互之间具有很强的引力，因此它们可以聚在一起并相互碰撞。图中的五个星系（其中的两个星系几乎已经合并成为一个）叫作斯蒂芬五重星系。尽管那个蓝色的星系看上去即将与其他星系相撞，但事实上它离地球比其他几个要近很多。

* 为什么星星看上去位置会改变?
* 在公元4530年，我们从地球上能再次
  看到哪颗星星?
* 伽利略发现了什么?

观察夜空

太阳刚落山的一个小时是观察夜空的极佳时间。当白天过渡到黑夜，你可以直接用裸眼看到各种各样的天体，包括从最近的行星到遥远的恒星。

光污染

太阳落山后，人们转用电灯来进行照明，暗淡的星星也因此变得很难被看到。为了更好地欣赏星空，你可以尝试着远离人造光，也可以站在建筑物后面利用建筑物来阻挡人造光。

城市灯光
电灯使得人造光泛滥于整个夜空。

10分钟

20分钟

30分钟

月亮升起
每个晚上，月亮在天空的位置都会改变。在满月之夜，太阳下山之时也正是月亮升起之时。

保持移动
因为地球的自转，天体在天空中沿着一条弯曲的路径运动着。

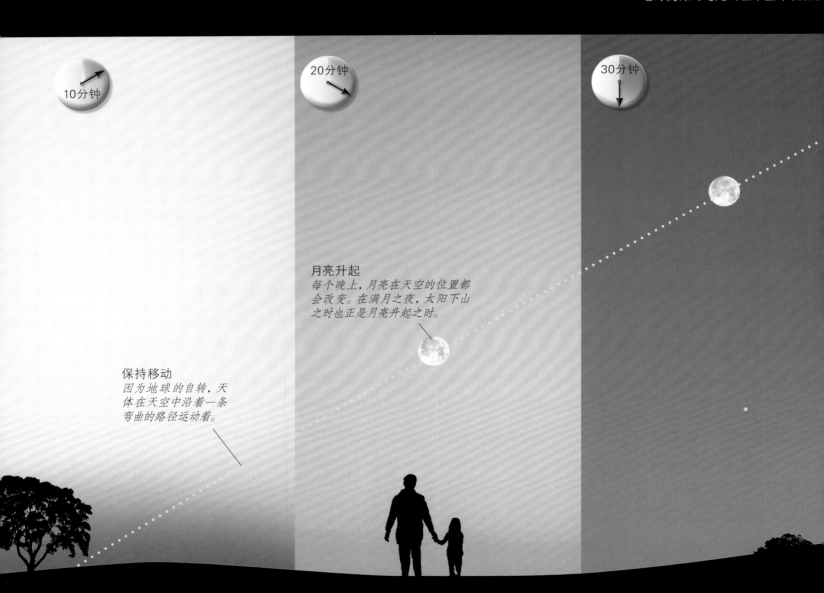

地球的影子

在太阳落山时，观看与太阳相对的那一侧天空，在地平线之上，你是否可以看到一条弯曲的黑带正在缓缓升起？那就是地球在大气层上投射出的影子。

月亮升起

在满月之夜（见69页），太阳落下之时正好是月亮升起之时。月亮发光是因为它反射太阳光。反射的太阳光虽然微弱，但月亮仍然是夜晚天空中最亮的天体。

辨认行星

金星、火星、木星都比别的星星要亮。它们是太阳落山后最先可见的星星状的天体。你可以把行星与其他恒星区分开来，因为行星是不闪烁的。

在一个黑暗、晴朗的夜晚，你可以裸眼看到约 **3,000** 颗星星。

天空中那颗星星是什么？

持续盯着星星观看两分钟。

- 移动且不止一种颜色的？那是飞机。
- 移动且亮度有一定变化的？那是人造卫星。
- 静止且闪烁的？那是恒星。
- 静止且不闪烁的？那是行星。

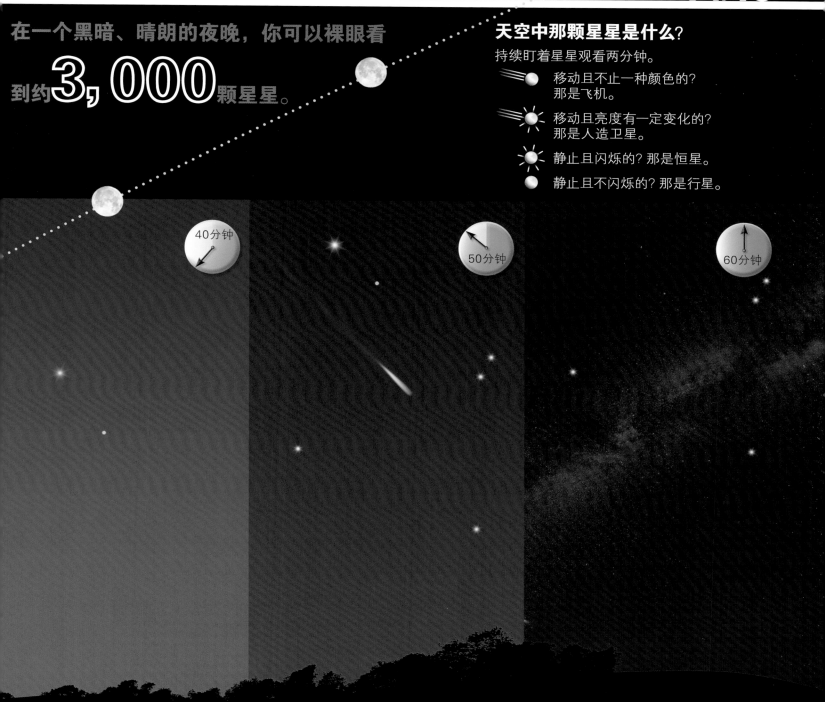

40分钟

50分钟

60分钟

第一颗恒星

终于，天空暗到足以让人看到天空中的第一颗恒星。抖动的大气使得星光扭曲，因此它们看上去会是闪烁和颤动的。

流星

当夜晚变得更加黑暗，你或许会看到一条亮光从空中闪过。那是一颗流星，也被称为"陨落的星"（见32至33页），那是岩石碎片从太空中快速进入大气层而产生的热和光。

银河

当天完全黑了，你可以看到一条苍白的亮带——银河（见94至95页）。再过一小时，月亮和星星看上去都已经移动了，这其实是地球自转导致的。

你可以裸眼看到数千颗星星，甚至是月亮上面的一些细节。要想看得更远、更清晰，你需要一架双筒望远镜或一架天文望远镜。一个天体的星等，或者说亮度，是由它的可见度来决定的。

裸眼

凭裸眼你就可以看到月亮上的一些细节以及邻近的或很亮的恒星，甚至可以看到最近的星系。

你能看到什么
最暗可以看到星等值为6的天体（见17页）。

用裸眼看月亮
你可以辨认出模糊的暗斑和亮斑。

双筒望远镜

双筒望远镜（见18页）能收集的光线比你的眼睛收集的光线更多，因此它们可以帮助你看到更暗的天体。不仅如此，它们还能将物体放大，来帮助你更加仔细地看清远处的物体。

你能看到什么
最暗可以看到星等值为9的天体。

用双筒望远镜看月亮的效果
斑点形成了黑暗的平坦月海和明亮的岩石高原。

后院式天文望远镜

天文望远镜（见18至19页）可以比双筒望远镜收集到更多的光线，通过它可以看到星等值很高的暗弱的天体。

你能看到什么
利用一个小的天文望远镜，最暗可以看到星等值约为12的天体。

用天文望远镜看月亮
通过天文望远镜，你可以看到月亮上有山脉、环形山（如下图）和熔岩平原。

试一试！

用眼角余光法（用裸眼或借助双筒望远镜、天文望远镜）去看暗弱的星体。先不要直视暗弱星体，目光投向它旁边，然后慢慢转向它。

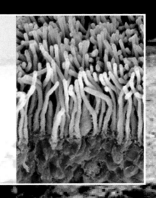

中央视觉
眼睛中央的视杆细胞（见右图浅褐色部分）对颜色很敏感，但对于暗弱的细节不敏感。

警告！天文望远镜及双筒望远镜仅可用于观测夜空。禁止将它们直接指向太阳观测！

昴星团
大部分人可以用裸眼在金牛座的这个星团中看到七颗亮星（见58至59页）。

用你的裸眼去看：

月球	距离约400,000千米
土星	距离约1,500,000,000千米
昴星团	距离约400光年
仙女座大星系	距离约2,500,000光年

用你的双筒望远镜去看：

谷神星	距离约280,000,000千米
木星的卫星	距离约600,000,000千米
天王星	距离约2,700,000,000千米
M101星系	距离约25,000,000光年

木星及其卫星
用双筒望远镜可以看到有卫星绕着木星绕转。

用你的天文望远镜去看：

海王星	距离约4,300,000,000千米
环状星云	距离约2,300光年
M87星系	距离约54,000,000光年

梅西叶 87
用天文望远镜看到的这个巨大星系，里面有数以亿万计的恒星。

星空摄影

利用照相机可以拍到天空的更多细节和更暗的天体。长时间的曝光使得照相机比人眼吸收的光线更多，增强了星光跟背景的对比度，并将星光的颜色展现在人们眼前。

利用裸眼观看
银河看上去是跨越天空的一条暗淡的白色光带。

利用长曝光时间观看
上图中我们可以看到多彩的恒星云，以及处在它们中间的气体与尘埃。

如何表示亮度？

天文学家利用星等来表示天空中天体的亮度。越暗的天体它的星等值越高。如果一个天体的星等值比另一个小1，那么这个天体比另一个天体要亮2.5倍。

星等标
天体越亮，它的星等值越小。

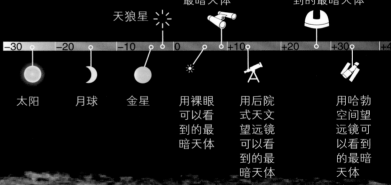

利用双筒望远镜可以看到的最暗天体

利用口径达8米的天文望远镜可以看到的最暗天体

天狼星

| −30 | −20 | −10 | 0 | +10 | +20 | +30 | +40 |

太阳　　月球　　金星

用裸眼可以看到的最暗天体

用后院式天文望远镜可以看到的最暗天体

用哈勃空间望远镜可以看到的最暗天体

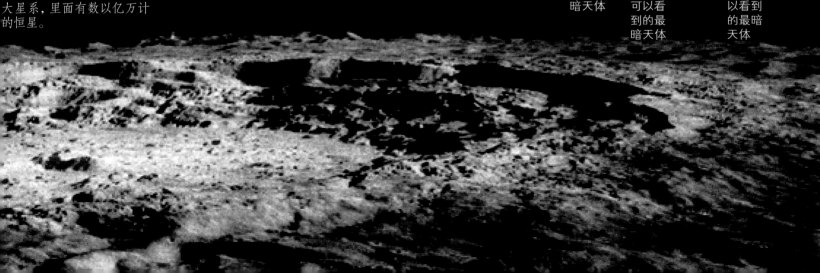

望远镜 [放大的工具]

利用望远镜去观测夜空中炫目的天体，比如恒星、行星，甚至星系。望远镜使得天体看上去变得更大更亮，因此与用裸眼直接观测相比，通过望远镜我们可以看到天体更多的细节。

伽利略·伽利莱

早在17世纪初，伽利略将望远镜指向天空并发现了行星绕着太阳运转，月亮上有环形山，太阳系的中心是太阳而不是地球。

伽利略·伽利莱
意大利天文学家伽利略利用一架望远镜来查证地球是绕着太阳转动的。

反射望远镜

反射望远镜是由英国科学家艾萨克·牛顿在1668年左右发明的。它收集光线并通过反复反射至目镜得到一个放大后的像。

寻星镜
它用于帮助望远镜指向正确的方向。

如何工作？
光线通过望远镜前端的开口进入望远镜。光束打到主镜上然后反射到副镜，再由副镜将光束反射到目镜。我们用眼睛通过目镜可以看到被放大的像。

目镜
通过这个透镜可以得到一个放大的像。

主镜
这个弯曲的镜子用于收集光线。

光线进入

副镜
一块比主镜小的镜子用于将光线反射至目镜。

伽利略的望远镜放大
倍率仅**三倍**

（注：此图为折射反射式望远镜光路图）

折射望远镜

利用透镜做物镜的望远镜叫作折射望远镜。它们利用透镜折射光线，并直接传至目镜。

如何工作？
光线通过望远镜前端一块大的弯曲透镜（叫作物镜）进入望远镜。光束在叫作焦点的地方汇聚。光束继续向前传播，在目镜上可以看到放大后的像。

寻星镜

光线

物镜

双筒望远镜

双筒望远镜就像是把两个小的天文望远镜结合到一起。对于天文初学者来说它是一个很好的工具。

双筒望远镜
尽管双筒望远镜观测能力没有专业望远镜那么强，但是它们便于携带而且方便使用。

三脚架

目镜
目镜上得到一个放大后的像

焦点

非可见光

光是辐射的一种类型，它表征了能量在空间的传播。很多天体能产生辐射，且这些辐射所携带的能量可能比可见光更大，也可能更小。我们可以用特殊的望远镜去探测这些辐射。

可见光

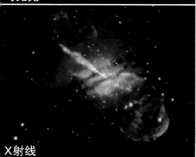

X射线

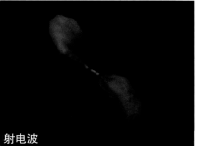

射电波

结合各波段

半人马A的四幅图
图片显示了半人马A星系在可见光、X射线波段、射电波波段的图像。最下面一幅图是结合了上面三个波段所得的图像。

超级望远镜

专业的天文学家利用具备大量尖端科技的望远镜来研究可见光及不可见光波段的辐射。专业望远镜的聚光能力比一般望远镜强很多。

斯皮策空间望远镜
美国国家航空航天局（NASA）的斯皮策空间望远镜在环绕地球的轨道上运行。它探测被地球大气层阻挡的红外射线。

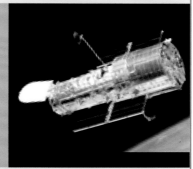

哈勃空间望远镜
美国国家航空航天局的哈勃空间望远镜处在很高的位置，完全不受地球大气产生的扰动影响，因此相对其他可见光望远镜来说，它可以得到更清晰、更锐利的图像。

射电望远镜
射电波波长很长且信号很弱，因此天文学家们建造了直径可以达到几十米的庞大信号接收盘来接收这些信号。尽管如此，对于得到真正清晰的图像来说，这些信号接收盘还是不够大。因此，人们将不同的射电望远镜集合到一起来组成射电阵，用大量的射电望远镜同时来研究同一个天体。

望远镜圆顶
最大的可见光望远镜直径可以达到10米甚至更大。它们位于山顶，这样可以避免云层及很多大气扰动的影响。

更多信息

《星际信使》
[美]彼得·西斯 著

《科学巨人的故事：牛顿》
松鹰/著

伽利略·伽利莱
艾萨克·牛顿
半人马A
哈勃空间望远镜
红外望远镜
牛顿反射望远镜
斯皮策空间望远镜

在你的所在地寻找一个天文爱好者俱乐部，在那里，你可以尝试使用一些天文望远镜。

莫纳克亚山游客信息中心
（夏威夷州希洛市）
地处夏威夷的制高点，一些天文台在每个夜晚都给游客提供免费的眺望星空的服务。

甚大天线阵游客中心
（新墨西哥州）
你可以游览组成甚大天线阵的27个天线。

站在地球上看 [大球体]

仰望夜晚的天空，我们感觉好像被一个巨大的球壳包围着，日月星辰在这个球壳上面移动。这个假想的球体可以帮助我们解释我们如何看到星星。

早期理论

古代天文学家认为天球是一个物理上真实存在的球体，日月星辰在靠近地球的一个稍小球面上运动。

阿特拉斯举起整个世界
传说中的巨人阿特拉斯被迫将地球从天空中分离开来。阿特拉斯常以扛着一个镶嵌着星座的天球的著名形象出现。

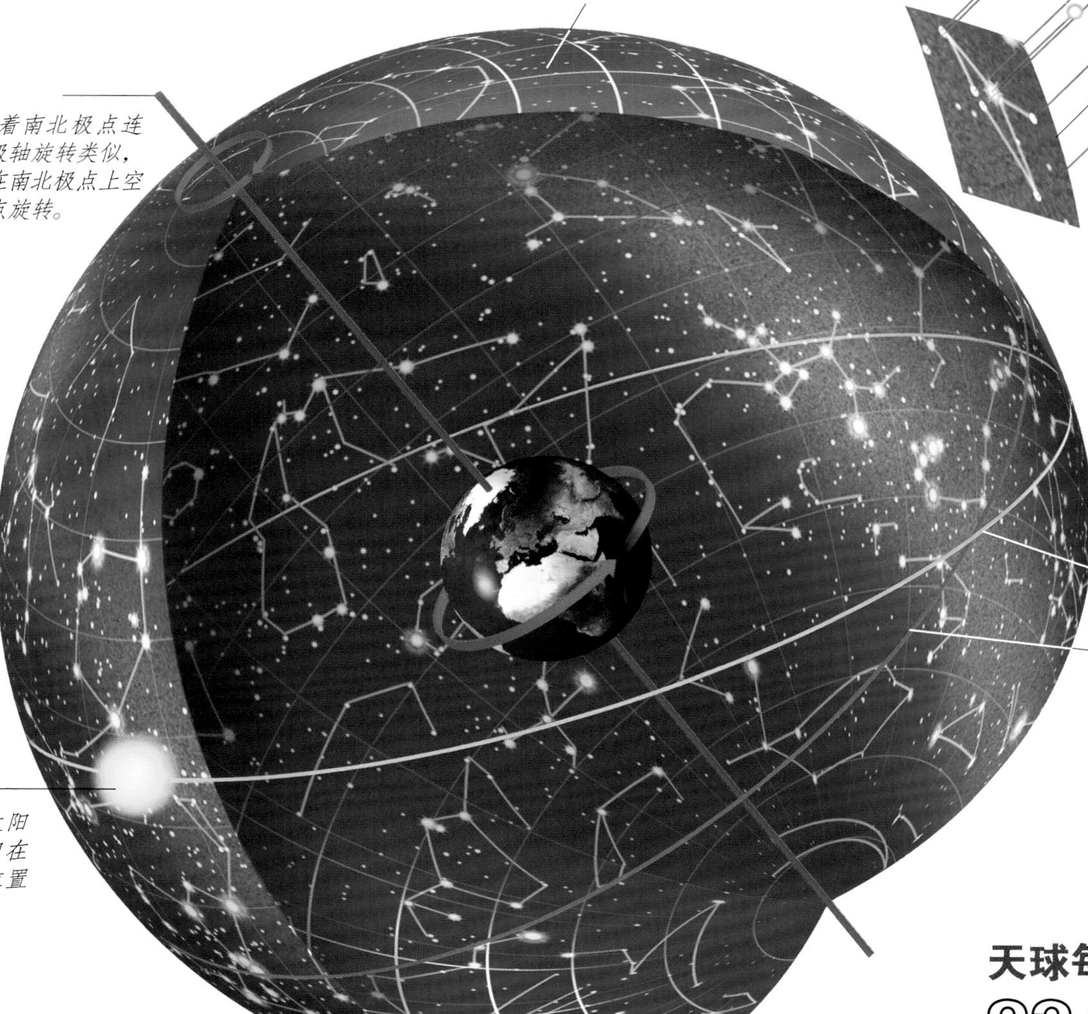

天球

自古以来，天文学家想象星星投影在一个天空中的球面上。这个模型给出了天上星星位置的标准描述，并且解释了为什么我们在不同时间地点看到的星空会不同。

坐标格网
天文学家将天球用线标识，这样一来，他们就能很精确地指出每一颗天体所处的位置。

恒星

恒星

天球表面

天球极点
跟地球绕着南北极点连线形成的极轴旋转类似，天球绕着在南北极点上空的天球极点旋转。

不同距离的恒星
要记住，天球只是一个有用的假想球面，事实上大部分恒星之间的距离在空间上都是不同的，而不是在某个固定的平面上。

黄道
每过一年，太阳都会沿着天空中的黄道线绕一圈。它穿过黄道带的星座（见28页）。太阳系的行星在天球上的位置也都非常接近这条路线。

天赤道
位于地球赤道正上方的这条线将天空分为南北两半，这两半就叫作半球。

太阳
地球绕着太阳运动，太阳在天球上的位置随之改变。

往内部看
在这个剖面图中，你可以看到地球如何处在天球的正中间。

天球每
23小时56分
旋转一周。

从我们的角度观察夜空

从地球的任何地方，我们都可以一次性看到半个天球。地球的旋转使得在夜晚不同时间呈现不同的星空，但是有一些区域永远在地平线下面。如果我们想看到那些星空区域，我们就必须改变我们所处的位置。

全球的视野
这幅图显示了三个不同观星者的天空视图：一个人在旧金山，一个人在土耳其，一个人在阿根廷。

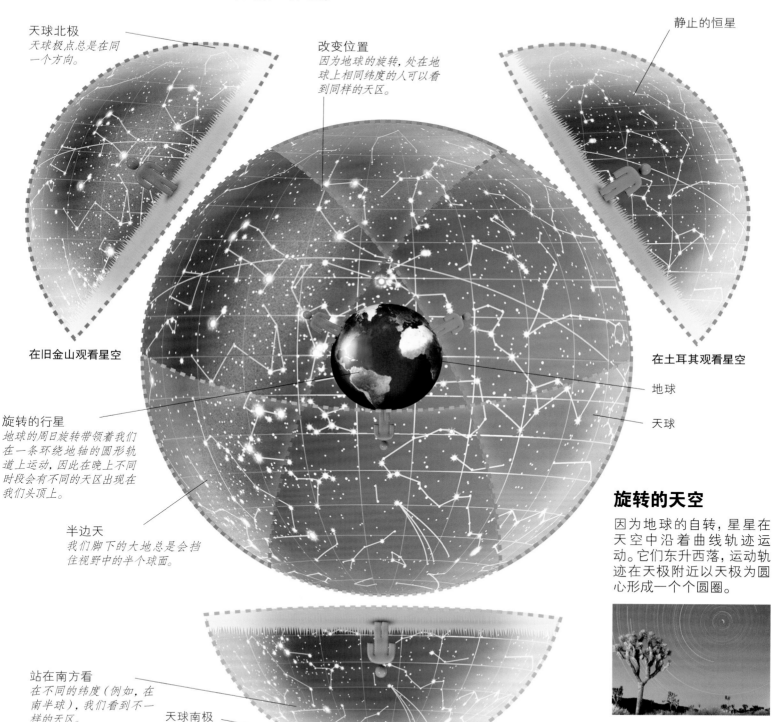

天球北极
天球极点总是在同一个方向。

改变位置
因为地球的旋转，处在地球上相同纬度的人可以看到同样的天区。

静止的恒星

旋转的行星
地球的周日旋转带领着我们在一条环绕地轴的圆形轨道上运动，因此在晚上不同时段会有不同的天区出现在我们头顶上。

半边天
我们脚下的大地总是会挡住视野中的半个球面。

在旧金山观看星空

在土耳其观看星空

地球

天球

站在南方看
在不同的纬度（例如，在南半球），我们看到不一样的天区。

天球南极

在阿根廷观看星空

旋转的天空

因为地球的自转，星星在天空中沿着曲线轨迹运动。它们东升西落，运动轨迹在天极附近以天极为圆心形成一个个圆圈。

星座 [星点的连线]

观察夜空中星星的组合（星座）在天文学上是一件非常有趣且有意义的事。在北方星空中有许多著名的星座，大熊星座就是其中之一。其中的七颗星星组合就是我们熟知的北斗七星。

88：被现代天文学收录的星座数量的官方数据。

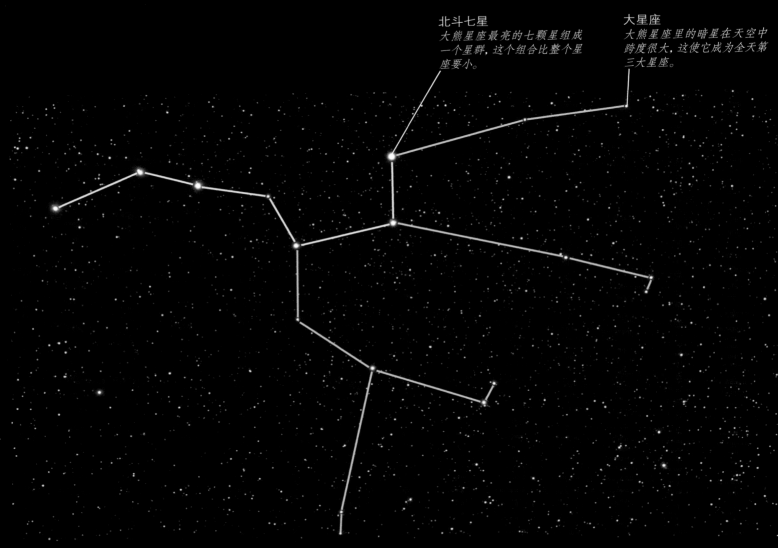

北斗七星
大熊星座最亮的七颗星组成一个星群，这个组合比整个星座要小。

大星座
大熊星座里的暗星在天空中跨度很大，这使它成为全天第三大星座。

北方和南方

有些星座因为它们的形状特别而比其他星座更容易辨认。大熊星座拥有复杂的形状，留给人们很多遐想（见23页）。南十字座在璀璨的星空中有个容易辨认的形状。

巨大的熊
大熊星座的星星组合图像类似于一只熊。图中黄色部分标出了它的部分身体和尾巴，而这个部分又是另一个星星组合——北斗七星。

南十字座
南十字座是南方星空中最著名的一个星座，它也是所有星座中最小的一个。

你看到了什么形状？

在过去的成千上万年中，天空中星星的位置有了微小的移动，不同的文明利用不同的方法观察相同的星星组合。古希腊命名的48个星座，大部分都源于神话人物。古埃及和中世纪阿拉伯天文学家则利用不同的名字和形状来标识星星。

天球仪
这个来自公元1878年的精美球体表面装饰了精细的图案。它展示了狮子座（狮子）、长蛇座（水蛇）等许多星座。

狮子座
这个星星的组合构成了一头蜷缩的狮子的图像（见46至47页）。

长蛇座
作为全天最大的星座，长蛇座以水蛇的形象展现。

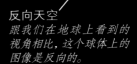

大勺子
美国天文学家将大熊星座中七颗最亮星星的形状看作一个长柄勺。

犁
欧洲天文学家常将这七颗星拿来跟老式的犁相比较。

反向天空
跟我们在地球上看到的视角相比，这个球体上的图像是反向的。

寻找星座

让你自己能快速认识星空的最佳方法是先认识一些主要的星星组合，比如说第二章将要提到的那些星座。然后利用第24至29页的星图寻找其他各个星座与主要几个星座之间的位置关系，进而认识天空中的所有星座。

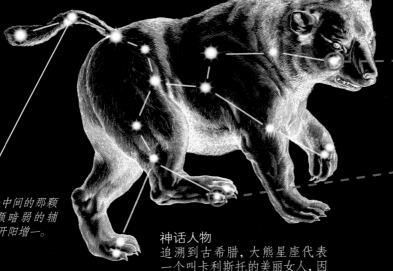

开阳
熊尾巴上中间的那颗星有一颗暗弱的辅星，叫作开阳增一。

黑暗的天空
为了能清楚地看到星座，请选择一个黑暗的夜晚并尽量避免光污染（见14页）。

神话人物
追溯到古希腊，大熊星座代表一个叫卡利斯托的美丽女人，因为受到赫拉女神的妒忌而被变成了一头熊。

现代星图
今天，天文学家根据传统星座及其附近的天区，定义了88个星座。在这个系统中，天空中每一颗恒星都有它所处的星座。

北天星空 [星图]

在很久以前，人们就用星座标识了天球的北半部分（见20页），对于欧洲和亚洲的天文学家来说，这部分天区是非常熟悉的。北天星空的星座位置以天球北极为中心，向周围扩散，其中天球北极以北极星为标识。

北半球

北半球

这幅图显示了当你站在北极点直接仰望星空时的图像。从北半球来看，这些星星可以在一年中的很多时间被看到。但是如果你是在赤道以南看的话，北极点附近的星星永远也不可能被你看到。

恒星和其他天体
这幅图像显示了在这片天区可以被裸眼看到的所有恒星。当然也包括了一些明亮且有趣的深空天体——星团、星云、星系。

不一样的视图

大图中的星座大部分来自公元2世纪由欧洲天文学家所记录下的48个恒星组合模式。中国古代的天文学家则用不同的眼光来看星空，他们将星星分成一组组小的不同星群。

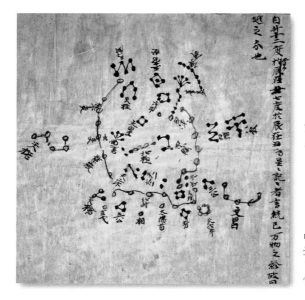

中国古代星图
这幅来自公元650年前后的星图展示了中国古代天文学家眼中北半球的恒星组合模式。

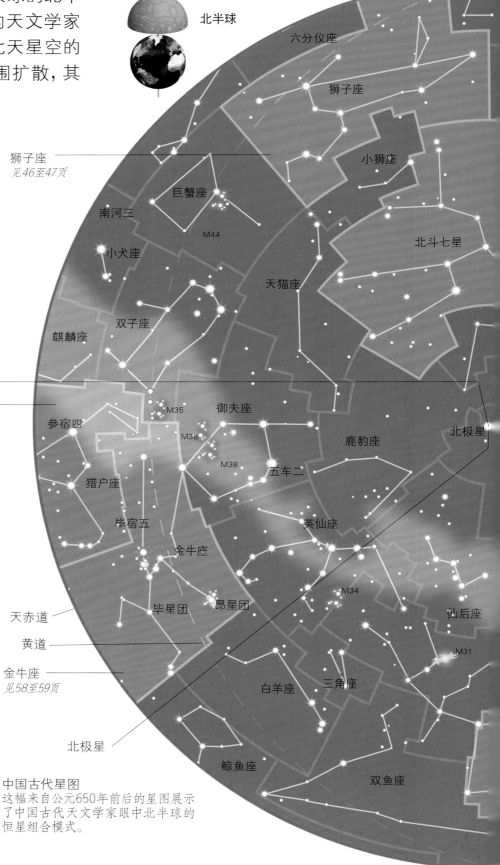

六分仪座

狮子座

狮子座
见46至47页

巨蟹座

小狮座

南河三

M44

北斗七星

小犬座

天猫座

双子座

麒麟座

北极点

猎户座
见40至41页

M35

御夫座

参宿四

M36

鹿豹座

北极星

猎户座

M38

五车二

毕宿五

英仙座

金牛座

M34

天赤道

毕星团

昂星团

仙后座

黄道

M31

金牛座
见58至59页

白羊座

三角座

北极星

鲸鱼座

双鱼座

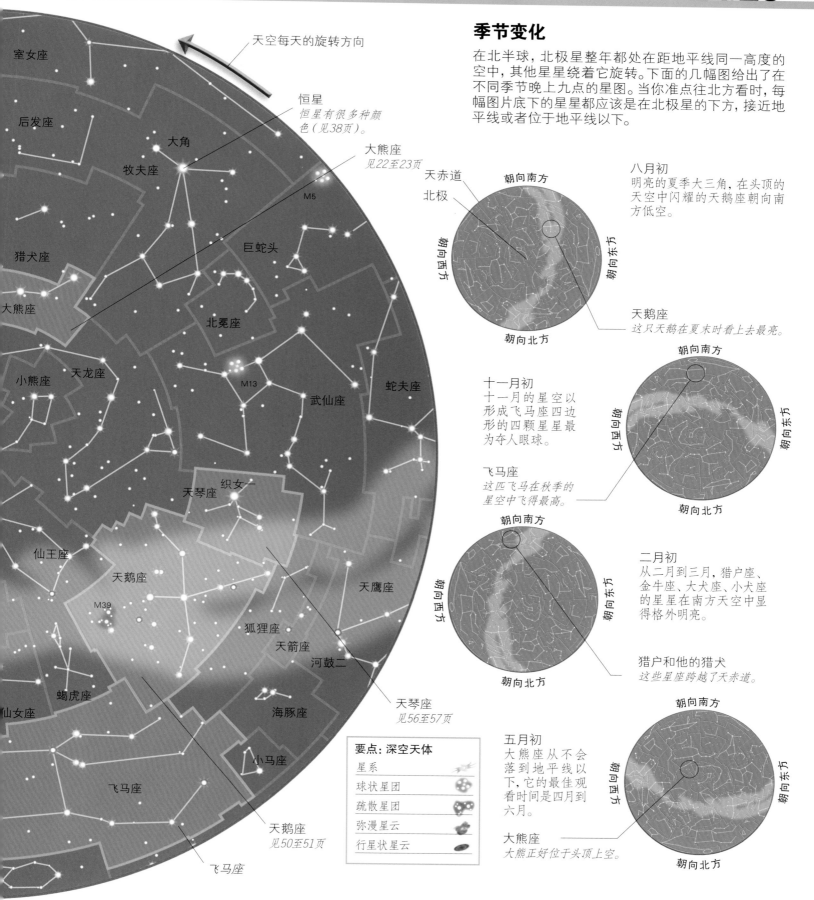

天空每天的旋转方向

恒星
恒星有很多种颜色（见38页）。

室女座

后发座

大角

牧夫座

大熊座
见22至23页

M5

猎犬座

巨蛇头

北冕座

大熊座

天龙座

M13

武仙座

蛇夫座

小熊座

仙王座

织女一

天琴座

天鹅座

天鹰座

M39

狐狸座

天箭座

河鼓二

蝎虎座

海豚座

天琴座
见56至57页

仙女座

小马座

飞马座

天鹅座
见50至51页

飞马座

要点：深空天体

星系	
球状星团	
疏散星团	
弥漫星云	
行星状星云	

季节变化

在北半球，北极星整年都处在距地平线同一高度的空中，其他星星绕着它旋转。下面的几幅图给出了在不同季节晚上九点的星图。当你准点往北方看时，每幅图片底下的星星都应该是在北极星的下方，接近地平线或者位于地平线以下。

天赤道

北极

朝向南方

朝向西方

朝向东方

朝向北方

八月初
明亮的夏季大三角，在头顶的天空中闪耀的天鹅座朝向南方低空。

天鹅座
这只天鹅在夏末时看上去最亮。

朝向南方

朝向西方

朝向东方

朝向北方

十一月初
十一月的星空以形成飞马座四边形的四颗星星最为夺人眼球。

飞马座
这匹飞马在秋季的星空中飞得最高。

朝向南方

朝向西方

朝向东方

朝向北方

二月初
从二月到三月，猎户座、金牛座、大犬座、小犬座的星星在南方天空中显得格外明亮。

猎户和他的猎犬
这些星座跨越了天赤道。

朝向南方

朝向西方

朝向东方

朝向北方

五月初
大熊座从不会落到地平线以下，它的最佳观看时间是四月到六月。

大熊座
大熊正好位于头顶上空。

南天星空 [星图]

位于天赤道（见28页）以南的星座有着迥异的年龄、大小和亮度。它们中有全天最明亮的星座，而另外一些却是全天最昏暗的星座，尤其是天球南极附近的星座。

南半球

你能看到什么

这幅图显示了当你站在南极点直接仰望星空时的图像。其中的许多星星在北半球也可以看到，但是越往北，天球南极离你的视野也就越远。

绘制星空的图像
这幅图像显示了在这片天区可以被裸眼看到的所有恒星。当然也包括了一些明亮且有趣的深空天体——星团、星云、星系。

南天图像
南半天球上面的星座描绘了各种各样的神话人物、动物、工具和发明。

星座的发现

靠近天赤道的部分南方星空已经被古希腊人熟知，包括他们最初列出来的48个星座。但直到16世纪，天球南极周围的星空才被欧洲人——一些水手最早观察到。

尼可拉·路易·拉卡伊
在18世纪50年代，这位法国天文学家记录了南方星空将近10,000颗星星。在这个过程中他命名了14个新的星座。

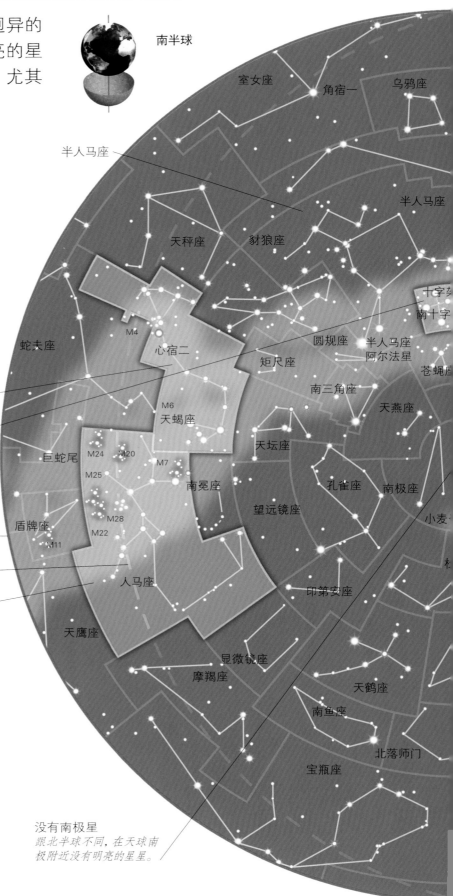

室女座
角宿一
乌鸦座
半人马座
半人马座
天秤座
豺狼座
十字架
南十字
蛇夫座
M4
心宿二
圆规座
半人马座 阿尔法星
矩尺座
苍蝇座
南三角座
天燕座
天蝎座
见52至53页
M6
天蝎座
天坛座
南十字座
巨蛇尾
M24
M20
孔雀座
南极座
M25
M7
南冕座
望远镜座
天赤道
盾牌座
M28
M22
印第安座
黄道
M11
人马座
人马座
见42至43页
天鹰座
显微镜座
摩羯座
天鹤座
南鱼座
北落师门
宝瓶座

没有南极星
跟北半球不同，在天球南极附近没有明亮的星星。

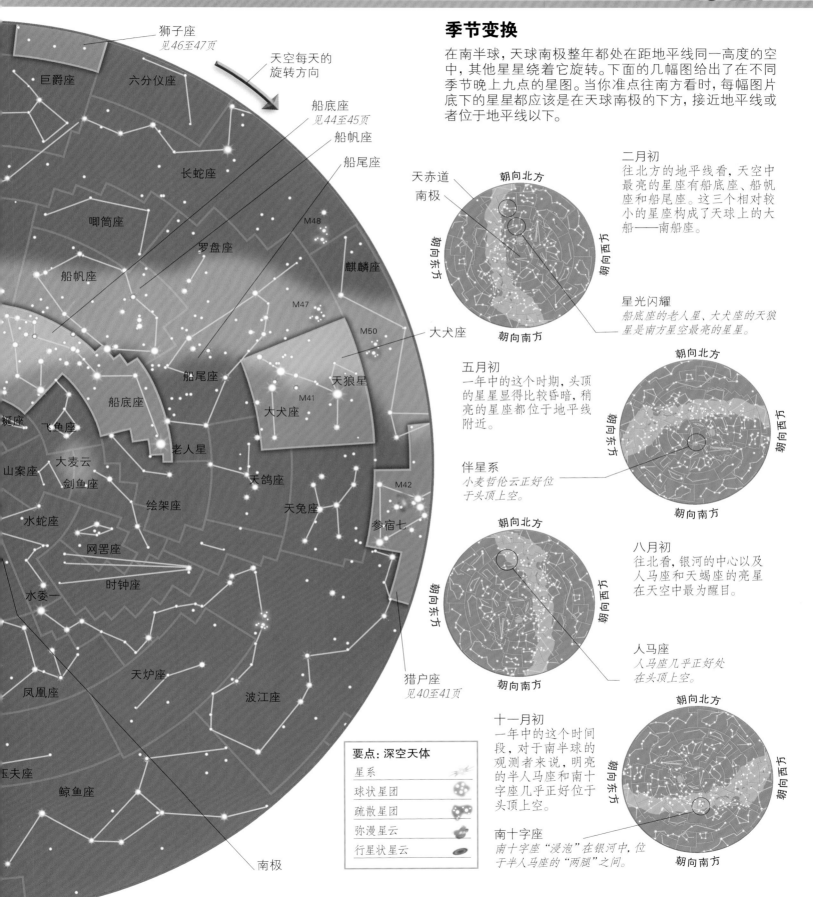

狮子座
见46至47页

天空每天的
旋转方向

巨爵座

六分仪座

船底座
见44至45页

船帆座

船尾座

长蛇座

唧筒座

罗盘座

M48

麒麟座

船帆座

M47

M50

大犬座

船尾座

天狼星

船底座

M41

大犬座

挺座

飞鱼座

山案座

大麦云

老人星

剑鱼座

天鸽座

水蛇座

绘架座

天兔座

M42

网罟座

时钟座

参宿七

水委一

天炉座

凤凰座

波江座

猎户座
见40至41页

玉夫座

鲸鱼座

南极

要点：深空天体

星系	
球状星团	
疏散星团	
弥漫星云	
行星状星云	

季节变换

在南半球，天球南极整年都处在距地平线同一高度的空中，其他星星绕着它旋转。下面的几幅图给出了在不同季节晚上九点的星图。当你准点往南方看时，每幅图片底下的星星都应该是在天球南极的下方，接近地平线或者位于地平线以下。

朝向北方

天赤道

南极

朝向东方

朝向西方

朝向南方

二月初
往北方的地平线看，天空中最亮的星座有船底座、船帆座和船尾座。这三个相对较小的星座构成了天球上的大船——南船座。

星光闪耀
船底座的老人星、大犬座的天狼星是南方星空最亮的星星。

朝向北方

朝向东方

朝向西方

朝向南方

五月初
一年中的这个时期，头顶的星星显得比较昏暗，稍亮的星座都位于地平线附近。

伴星系
小麦哲伦云正好位于头顶上空。

朝向北方

朝向东方

朝向西方

朝向南方

八月初
往北看，银河的中心以及人马座和天蝎座的亮星在天空中最为醒目。

人马座
人马座几乎正好处在头顶上空。

朝向北方

朝向东方

朝向西方

朝向南方

十一月初
一年中的这个时间段，对于南半球的观测者来说，明亮的半人马座和南十字座几乎正好位于头顶上空。

南十字座
南十字座"浸泡"在银河中，位于半人马座的"两腿"之间。

赤道星空 [星图]

星空图被天赤道平等地分为北半球星空和南半球星空。在赤道附近的是黄道十二星座，许多人将这些星座跟生日联系到一起。

审视两个半球

除了站在极点，站在某个半球的人可以看到另外半球的一些星星。你站得越靠近赤道，你就可以看到更多属于另外半球的星星。

没有

星图
这幅星图展示了天赤道附近的星星，在南北半球都可以看到这些星星。

天空每天旋转方向

天鹅座
见50至51页

天琴座
见56至57页

大熊座
见22至23页

要点：深空天体

星系	
球状星团	
疏散星团	
弥漫星云	
行星状星云	

飞马座
见25页

人马座
见42至43页

天蝎座
见52至53页

黄道和黄道带

每年地球绕着太阳旋转一周，太阳在天球上的运动轨迹叫作黄道。因为这条运动轨迹有一定角度的倾斜，所以太阳有六个月在天赤道的北面，另外六个月在天赤道的南面。每年太阳运动轨迹所经过的十二个主要星座形成的带状结构叫作黄道带。

绘制星空图像

早在公元前1200年,古代伊拉克就有星图和相关的记录数据。其中的大部分资料都传到了希腊天文学家手中,其中的托勒密在公元150年前后总结古天文写了一本叫《天文学大成》的书。

托勒密(约公元100—170)
他的《天文学大成》一书涵盖了北方星空以及天赤道部分星空中的48个星座。

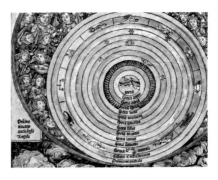

托勒密的宇宙
托勒密相信地球是宇宙的中心,太阳、月亮、行星和其他星体都绕着地球旋转。

狮子座
见46至47页

小犬座
见40页

猎户座
见40至41页

金牛座
见58至59页

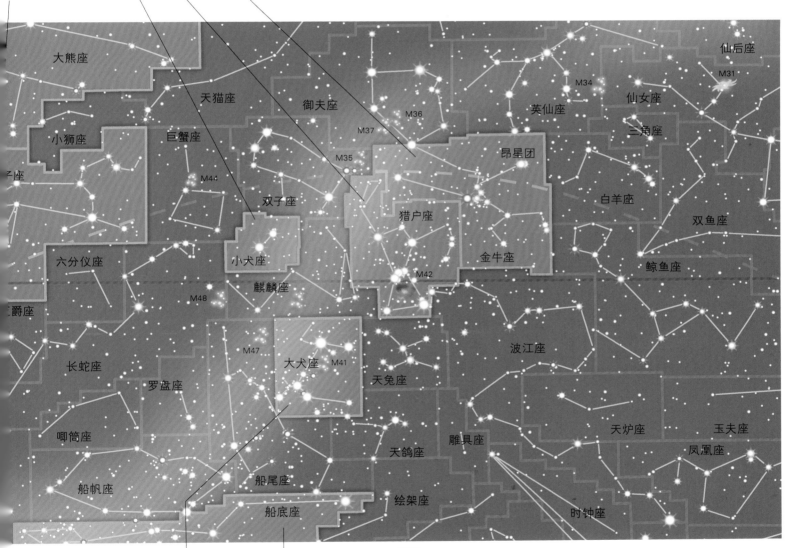

大熊座
仙后座
M31
天猫座
御夫座
M36
英仙座
M34
仙女座
小狮座
巨蟹座
M37
三角座
昂星团
M35
白羊座
双子座
猎户座
M44
双鱼座
小犬座
六分仪座
金牛座
鲸鱼座
M42
麒麟座
M48
波江座
长蛇座
M47
大犬座
M41
天兔座
罗盘座
天炉座
玉夫座
唧筒座
天鸽座
雕具座
凤凰座
船帆座
船尾座
绘架座
时钟座
船底座

大犬座
见40页

船底座
见44至45页

十二星座
你出生时太阳所处的星座就是你的星座。一些人相信星座会影响人的性格。

黄道带的第13个星座?
每年的12月,太阳会出现在蛇夫座十八天,但是蛇夫座不属于正式的黄道星座。

夏威夷上空的海尔–波普彗星

彗星是绕着太阳旋转的大块岩石和冰块。当它们靠近太阳时,温度上升导致了彗星活动。在1997年人们看到的海尔–波普彗星是最亮彗星之一,图中展示了它在夏威夷上空的景像。它持续好几个月可以被人们看到,下一次在地球上可以看到它的时间是公元4530年。

流星 [陨落的星]

在晴朗的夜晚仰望星空，你可能会看到一个亮点快速地划过天空。它应该就是一颗流星，或者被称为"陨落的星"，它是由太空中的碎片经过大气层燃烧而产生的现象。

流星雨
在流星雨出现期间，每小时有几十甚至几百颗流星从天空中的同一个区域出现。最强的流星雨每小时有数千颗流星出现，这样的流星雨称为流星暴雨。

跟彗星的联系

乔凡尼·斯基亚帕雷利，19世纪的天文学家，他认识到流星群沿着彗星的轨道向周围扩散，因此得出结论：流星雨是由彗星喷发出来的小颗粒形成的。

乔凡尼·斯基亚帕雷利
发现流星跟彗星之间关系的意大利天文学家。

陨石

在太阳系的尘埃和碎片中包括大块的岩石。对于那些较大的岩石，它们在穿越地球大气层时未能燃烧完，掉落到地球表面的残余部分便称作陨石。陨石可以是小到几厘米长的岩石，也可以是大到几千米宽的罕见小行星（见88页）。

代亚布罗峡谷陨石
这块陨石掉落在美国亚利桑那州的代亚布罗峡谷。

陨石的一生

当一颗流星穿过地球的大气层时，它就开始被加热。大部分的流星在下落过程中都被燃烧完了，但是偶尔会有一些很大块的岩石穿过大气层并撞击到地球表面上，有些还会造成巨大的陨石坑。这些到达地面的太空岩石就是陨石。

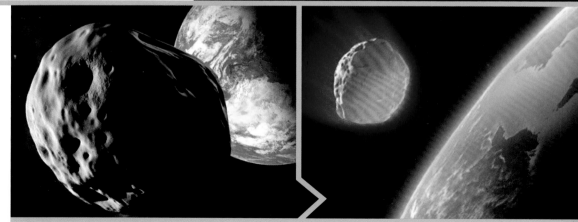

1 靠近地球
一颗流星以每小时数千千米的速度迎面撞上我们的地球，或是以稍慢的速度从后面追撞上地球。

2 进入大气层
与大气上层的空气分子摩擦使得流星升温，温度一直升高，会使它剧烈燃烧并发光。

太空垃圾

大部分的流星和陨石是太阳系生成时留下的碎片。但是在过去的50年里，从涂料剥离物到废弃卫星，人类的太空探测器使太空充斥了越来越多的人造垃圾。其中的一些垃圾重新进入大气层并燃烧，但是很多仍旧悬浮在地球轨道附近。

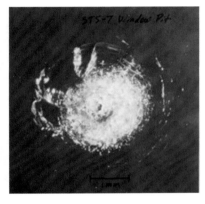

危害
美国国家航空航天局的"挑战者号"航天飞机面临与空间垃圾碎片相互碰撞的危险。图片中窗户上的洞就是由涂料剥离物撞击造成的。

每年约有

1,000

吨的空间碎片冲向地球。

3 火流星
最大最亮的流星可以叫作火流星。它们很可能撞击地球表面。

4 陨石坑
直径达到10米及以上的陨石，可以在地面上撞出一个陨石坑，但是大部分陨石的影响力都很小。

5 恐龙的灭绝
65,000,000年前，在今天墨西哥所处的地方，有一颗巨大的陨石撞击地球造成了全球气候危机，也许正是因为这个原因导致了恐龙的灭绝。

* 为什么太阳有斑点?
* 在星空中的哪块区域可以看到
  马头星云?
* 红巨星是什么?

寻找星星

太阳 [离我们最近的恒星]

太阳离我们的距离超过150,000,000千米，它是一个由超热气体构成的爆发着的球，同时也是地球上光和热的终极来源。太阳离地球很近，使得它成为天文学家可以进行近距离研究的唯一一颗恒星。

表面性质
太阳的表面不断地变化着。竖直上升的热气体展示了一张颗粒状的图案，太阳强大的磁场造就了太阳黑子和剧烈的太阳耀斑。

太阳表面

太阳是一个由外到内密度不断增加的气体球。它表面上可见的那一层叫作光球层，它标出了高密度的不透明内部区域与稀薄透明的外层的分界线。光球层的气体温度被加热到约5,500℃，它们发出炽热的黄白色光。

太阳黑子
太阳表面温度较低区域的温度也仍然会达到3,000℃，它们之所以看上去黑暗，是因为它们的温度跟周围比较显得更低。

太阳风
源源不断的粒子以每秒数百千米的速度被吹离太阳。太阳风受到地球等行星的磁场作用而发生方向偏转。

极光
太阳风里面的粒子受地球磁场线引导进入地球上空的大气层，这在天空中产生了美丽壮观的光线——北极光和南极光（见8至9页）。

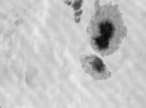

可见的表面
太阳可见的表面被称为光球层，它其实是一层1,000千米厚的薄雾层。太阳的表面看上去是固体是因为它离地球太远了。

太阳耀斑
太阳磁场的突然改变释放大量的能量，这些能量使气体被加热并逃离太阳表面，这就产生了太阳耀斑。

332,950
个地球质量=一个太阳质量

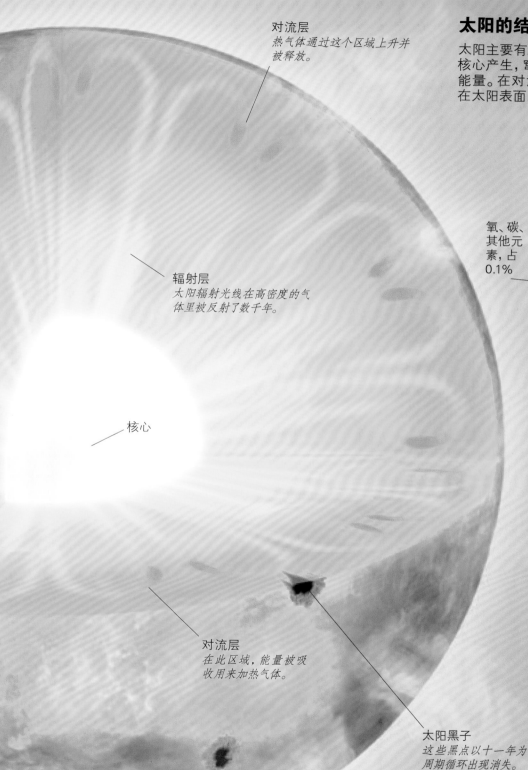

对流层
热气体通过这个区域上升并被释放。

辐射层
太阳辐射光线在高密度的气体里被反射了数千年。

核心

对流层
在此区域，能量被吸收用来加热气体。

太阳黑子
这些黑点以十一年为周期循环出现消失。

表面
气体释放能量并冷却和下沉。

太阳的结构

太阳主要有三层：核心、辐射层、对流层。高能射线在核心产生，窜入辐射层，在辐射层内辐射传递并丢失能量。在对流层，高能射线加热气体，使气体上升并在太阳表面以光和热的形式再次释放能量。

氢，占91.2%

氧、碳、其他元素，占0.1%

太阳

氦，占8.7%

太阳的成分
太阳的化学组成由宇宙中最简单最轻的氢和氦占主导。

能量来源

太阳核心极高的温度（15, 000, 000℃）和压力使得氢原子发生核聚变产生氦原子。这个称作核聚变的过程释放了大量的能量。

核聚变研究
这个装置是用来评估核聚变作为可再生能源的可能性。目前没有已经建成的核聚变工厂，太阳仍旧是创造能量的最好途径。

各式各样的恒星 [五彩缤纷]

仔细观看星空，你会发现不同的恒星在颜色和亮度上有很大的差别。恒星是怎么形成的，是什么导致了它们之间的差异？

多彩的星空

星星乍一看上去都是白色的，但事实上它们显示了很多不同的颜色。一颗恒星显示什么颜色，取决于它的表面平均温度和它发出光的能量。一根铁棒在火炉上加热，刚开始它显示为红色，当它温度达到最高时显示为蓝色。同样的，温度最高的恒星看上去也是蓝色的。

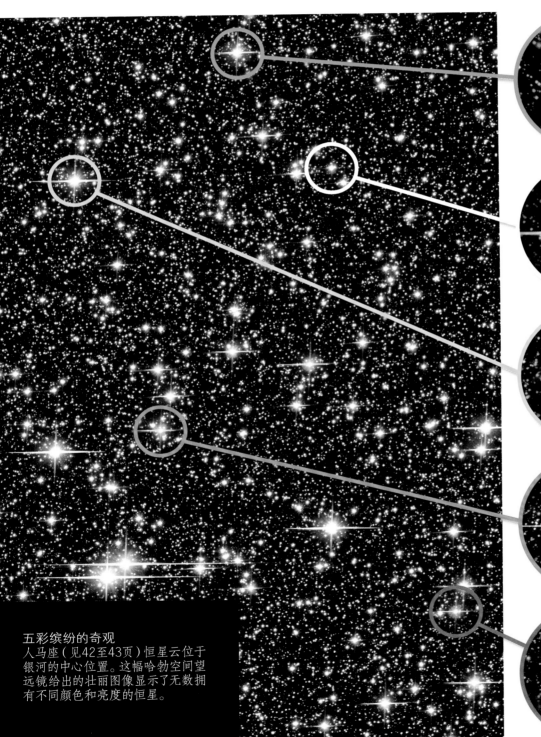

五彩缤纷的奇观
人马座（见42至43页）恒星云位于银河的中心位置。这幅哈勃空间望远镜给出的壮丽图像显示了无数拥有不同颜色和亮度的恒星。

蓝色恒星
表面温度：30,000℃。
温度最高的恒星显示高能蓝光和紫外光。

白色恒星
表面温度：10,000℃。
比太阳的温度高，大部分白色恒星体积也比太阳大，除了微小暗淡的白矮星（见60页）。

黄色恒星
表面温度：5,500℃。
大多数黄色恒星的尺寸跟太阳的尺寸相似，但是也有一些巨大的黄色恒星。

褐色恒星
表面温度：4,000℃。
大多数冷褐色恒星的尺寸比太阳的尺寸小，除了恒星生命终结时产生的巨大褐色巨星。

红色恒星
表面温度：3,000℃。
大多数红色恒星的尺寸很小且不起眼儿。在地球夜空上看到最明亮的红色恒星都是巨大的红巨星，但是它们是遥远的垂死恒星。

恒星的大小

恒星的大小跟它的颜色和亮度相关。恒星的大小跨度从红矮星到蓝巨星，而我们的太阳正好处在这两个极端情况的正中间。但是当一颗恒星正在死亡时，它的尺寸也会迅速变大并发出红光。

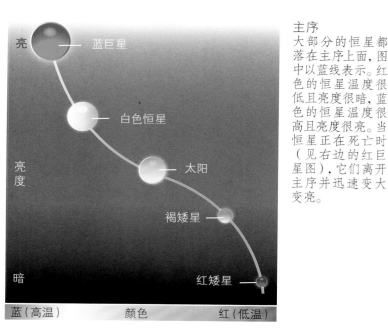

主序
大部分的恒星都落在主序上面，图中以蓝线表示。红色的恒星温度很低且亮度很暗，蓝色的恒星温度很高且亮度很亮。当恒星正在死亡时（见右边的红巨星图），它们离开主序并迅速变大变亮。

恒星的质量

当天文学家发现两颗恒星绕着空间中的同一点旋转时，他们可以计算出每颗恒星的相对质量。这些质量结果揭露了一个规律，暗的红星更小更轻，亮的蓝星则更大更重。

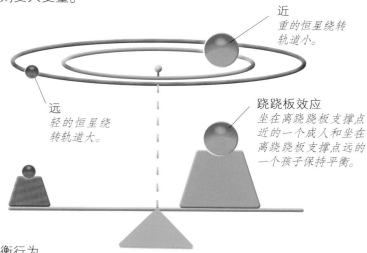

近
重的恒星绕转轨道小。

远
轻的恒星绕转轨道大。

跷跷板效应
坐在离跷跷板支撑点近的一个成人和坐在离跷跷板支撑点远的一个孩子保持平衡。

平衡行为
当一个成年人与一个孩子同时坐在跷跷板两边时，为了保持跷跷板平衡，成年人不得不坐得离支撑点比较近。同样的原理可以用在两颗恒星绕着一个共同点旋转，离共同绕转点近的蓝星肯定比相应的红星要重。

恒星的一生

比较恒星的亮度、颜色、大小、重量，结合我们从太阳身上学到的知识，天文学家可以画出一颗典型恒星的一生。

1 恒星诞生
恒星是从塌缩到密度足够大并可以进行核反应的气体云中诞生的（见40页）。

2 星团
尽管在一个星团中同时形成许多恒星，但是它们年龄的估算取决于它们的质量。

3 主序星
恒星一生中发出的大多数光线是由于氢的核聚变。在此期间，恒星的大小跟它的颜色和亮度相关（见47页）。

4 红巨星
当一颗恒星耗尽氢原子，它就燃烧其他原子。不管它的质量为多少，它都会变得更亮更红（见53页）。

5 恒星的死亡

行星状星云
明亮的恒星喷出它的外层球壳（见56页）。

超新星
最重的恒星死亡时伴以猛烈的爆炸（见58页）。

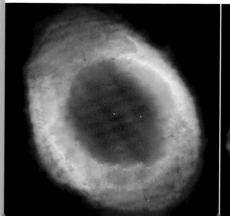

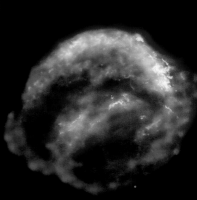

猎户座 [猎人]

猎户座是整个夜空中最明亮、最著名的星座之一。它的特别之处在于星座的部分区域在北极或南极都能被看见。

星座档案

常用名	猎户座
缩写	Ori
可见范围	全世界
最佳观看时间	11月至3月，日落之后
最亮的星	参宿七

中间纬度

猎户座的位置

起源

古希腊将这个星星组合看作一个名叫俄里翁的强壮猎人。他身后还跟随着大犬和小犬，并面对着金牛托鲁斯（见58至59页）。

俄里翁手握一根棍棒面对托鲁斯。

俄里翁
这个雕塑教你如何将神话人物俄里翁与星座中的星星相互对应起来。

没有其他星座能更准确地代表一个人的形象。

——日耳曼尼库斯·凯撒

猎户座亮点

猎户座中有趣的天体一个挨着一个。气体和尘埃组成星云，猎户座中各种各样的星云组成了巨大的猎户座分子云的一部分。猎户座中许多亮星就是从这个分子云中诞生的。

猎户的剑
猎户腰带南方一串明亮的年轻恒星组成了猎户的剑。

巨大星云
在剑的中间是猎户座大星云，大量新的恒星在此区域诞生。

参宿四
这颗明亮的红星代表猎户的肩膀。它是一颗红超巨星。

参宿七
这颗蓝超巨星距离地球约775光年，它比太阳亮度要高70,000多倍。

猎户腰带
寻找排成一排的三颗亮星（见上图）。这条腰带横穿猎户的腰部，使得这个星座很容易被人们认出。

马头星云（NGC 2024）
这个尘埃之柱（见左图）看上去像是在更远的发光气体前显示的一个马头轮廓。

恒星的一生：恒星诞生

恒星是在巨大的气体尘埃云中诞生的。受到引力的作用，这些气体尘埃云在自身引力的作用下塌缩形成分离的气体结，这些气体结密度越来越大直到点燃并形成一颗恒星。

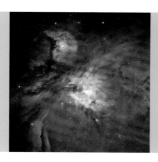

猎户座大星云
来自星云中心新生恒星的强烈辐射激发了周围的气体，使得星云发光。

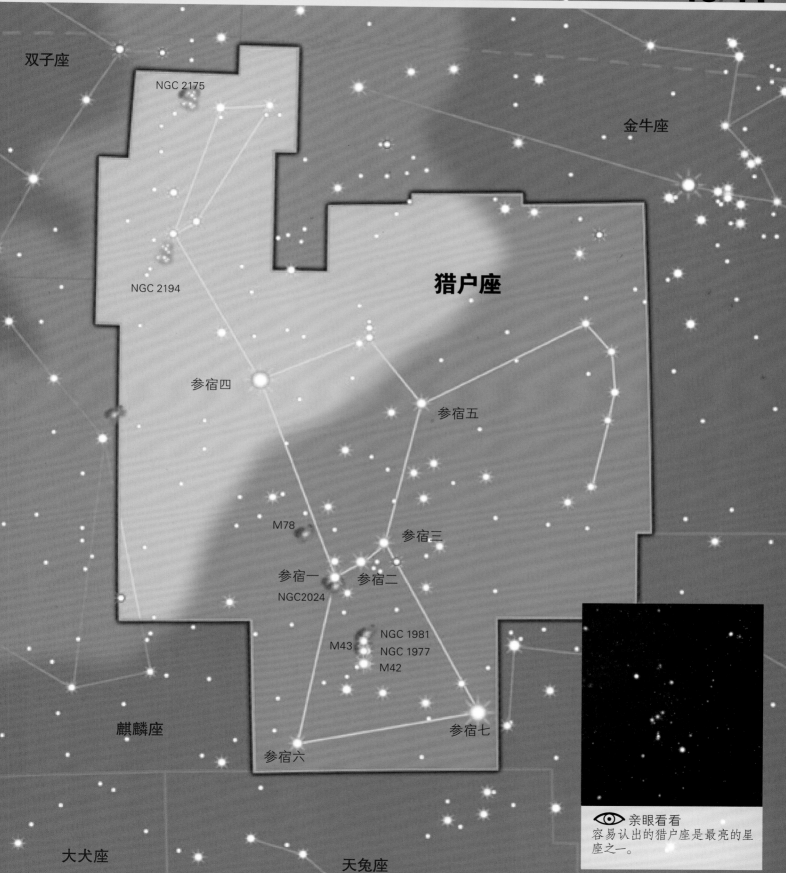

双子座

NGC 2175

NGC 2194

金牛座

猎户座

参宿四

参宿五

M78

参宿三

参宿一 参宿二

NGC2024

M43　NGC 1981
　　　NGC 1977
　　　M42

麒麟座

参宿七

参宿六

大犬座

天兔座

👁 亲眼看看
容易认出的猎户座是最亮的星座之一。

人马座 [射手]

富含星团和星云，这个鲜明的星座位于天空的南半部分。它看上去非常明亮是因为银河的中心位于它的边界以内。

星座档案

常用名	人马座
缩写	Sgr
可见范围	全世界
最佳观看时间	7月至10月，日落之后
最亮的星	箕宿三

南半球

人马座的位置

起源

在古希腊，人马座代表了一个叫作喀戎的非常聪明的半人半马怪物，它是一个拿着弓和箭的射手。半人马的躯干为人而身体为马。

瞄准
人马座的箭指向蝎子的心脏（见52至53页）。

人马座亮点

人马座里包含了恒星云、星云和尘埃带，它们看上去遮蔽了银河系的中心。人马座因为中间的八颗星组成茶壶形状而被大家熟知。

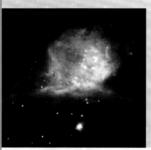

NGC 6822
这个小的不规则星系距离地球1,800,000光年，包含一块明亮的恒星形成区。

欧米伽星云/天鹅星云（M17）
高密度气体云在此星云边缘堆积。

茶壶
最亮的星形成一个茶壶的形状。

恒星的一生：星团

新生恒星在星团里的星云中浮现。疏散星团（不规则的星群）里的明亮恒星会在数千万年的时间里互相分散，我们之所以能看到它们，是因为有如此多生命短暂的明亮恒星。密度较高的球状星团聚集在一起的持续时间会长久很多。

球状星团M22
这个人马座中的球状星团包含了成千上万的年老恒星。

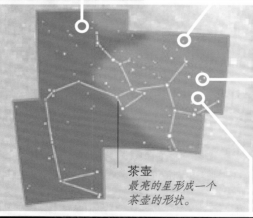

三叶星云（M20）
黑暗的尘埃带将这个著名的恒星形成的星云分成了三部分。

礁湖星云（M8）
礁湖星云是最亮的星云之一。它距离地球约4,000光年。

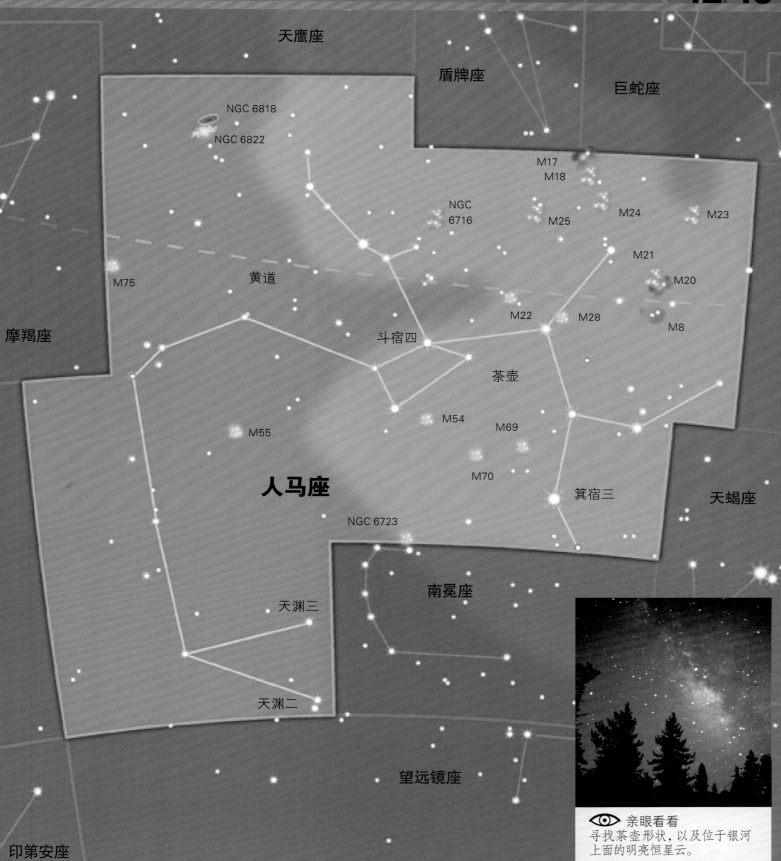

天鹰座

盾牌座

巨蛇座

NGC 6818

NGC 6822

M17

M18

NGC 6716

M25

M24

M23

M21

黄道

M20

M75

M22

M28

M8

摩羯座

斗宿四

茶壶

M54

M69

M55

人马座

M70

箕宿三

天蝎座

NGC 6723

南冕座

天渊三

天蝎座

印第安座

天渊二

望远镜座

亲眼看看

寻找茶壶形状，以及位于银河
上面的明亮恒星云。

太空烟火

船底座代表了来自古希腊神话中一艘船的龙骨（底部防护条），这艘船叫作阿尔戈号。它被希腊神话中的英雄伊阿宋和阿尔戈的英雄们驾驶。船底座位于两个巨大的恒星形成气体区域的方向。一个是船底座星云（可用裸眼看见），距离我们约8,000光年。另一个是叫作HD97950的更大星云，距离我们约20,000光年。

左图所示的星团叫作NGC3603，它位于更遥远的星云中。在这个星团中有我们星系中最重的恒星，它达到了太阳质量的116倍。类似这样的大质量恒星只有短暂而辉煌的生命，它们的生命只有几百万年。

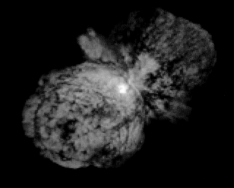

船底座海山二星
在船底座星云里，船底座海山二星间断性地发生猛烈爆炸。它最终会以超新星爆发的形式结束自己的生命。

星座档案

常用名	船底座
缩写	Car
可见范围	北纬30° 以南
最佳观看时间	1月至5月，太阳落山之后
最亮的星	老人星

南半球

船底座的位置

狮子座 [巨狮]

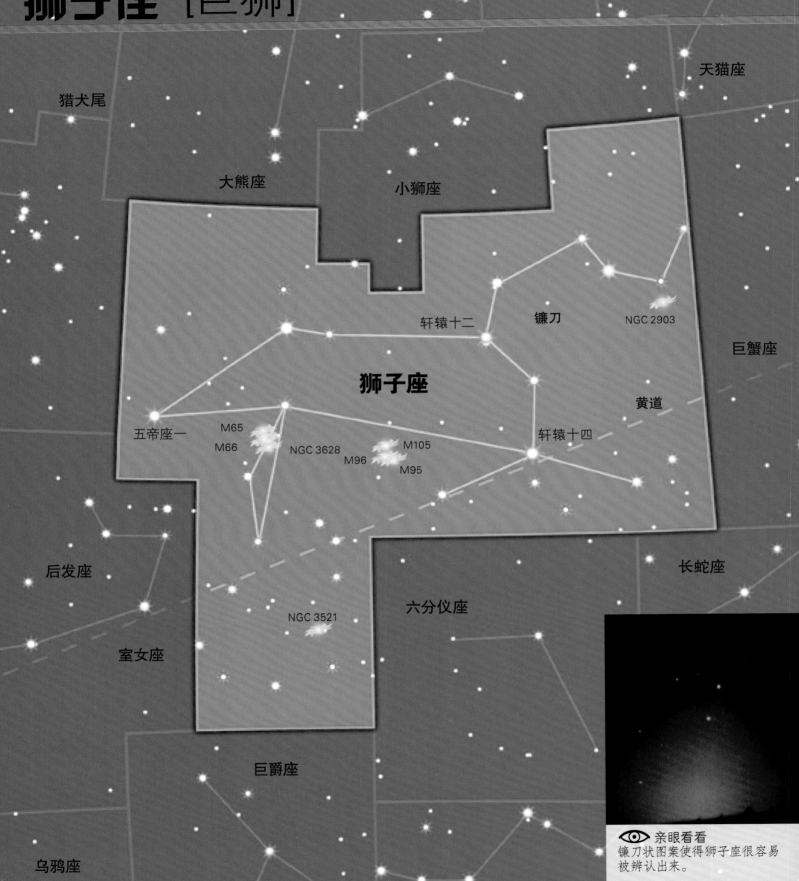

猎犬尾

大熊座

小狮座

天猫座

轩辕十二

镰刀

NGC 2903

巨蟹座

狮子座

黄道

五帝座一

M65

M66

NGC 3628

M105

M96

M95

轩辕十四

后发座

长蛇座

六分仪座

室女座

NGC 3521

巨爵座

乌鸦座

亲眼看看

镰刀状图案使得狮子座很容易
被辨认出来。

狮子座，位于北半球，像一头蹲伏着的狮子。它距离银河很远，这是个观看遥远星系的好地方。

起源

狮子座通常代表涅墨亚巨狮，那是一头残忍且身披硬甲的穴居巨兽。作为十二个挑战之一，古希腊英雄赫拉克勒斯（英文写作Heracles，罗马人叫Hercules）不得不打败这头狮子。

狮子座
千百年来，狮子座都被看作是一头做好攻击准备的狮子。

星座档案

常用名	狮子座
缩写	Leo
可见范围	全世界
最佳观看时间	2月至6月，太阳落山之后
最亮的星	轩辕十四

— 北半球

狮子座的位置

狮子座里的

沃尔夫359

星是离地球最近的恒星之一，但是只有用较大的天文望远镜才能看到它。

狮子座亮点

狮子座里面的亮星大部分都处在主序阶段（见最右边的方框），因此它们显示了恒星质量和亮度的直接关系。打个比方，狮子座中轩辕十四比五帝座一离地球远两倍，但是它比后者要亮，这是因为它质量比后者大两倍。

M96星系
这个旋涡星系（上图）位于一个小星系群的中心位置，此星系群中还包括M95和M105。

M66星系
这个旋涡星系（上图）的旋臂存在明显形变，它的中心核受紧挨着的一个邻近星系影响而偏移。

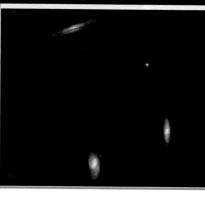

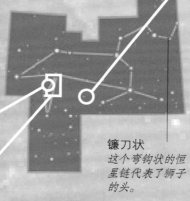

镰刀状
这个弯钩状的恒星链代表了狮子的头。

狮子座三重星系
三个旋涡星系M65、M66和NGC 3628（左图），在狮子座后腿附近组成一个小的星系群。这个星系群距离地球约35,000,000光年。

恒星演化：主序

度过一个不稳定的青年时期之后，恒星在一生中的大部分时间里通过氢聚变来发光。这个阶段就叫作主序，恒星的亮度取决于它们的质量（见39页）。一颗恒星越重，那么它的核就会温度越高、密度越大，它发出来的光也越亮。明亮的恒星燃料消耗更加迅速，它们也将更快地死去。

轩辕十四
狮子座中最明亮的恒星是轩辕十四，它距离地球约78光年。它位置靠近黄道，在地球上看，它定期会被月亮挡住。

宇宙的尺度 [庞大的数字]

宇宙绝对是非常巨大的，行星、恒星和星系之间的空间也是如此之大，大到我们不可能用日常所用的计量单位去形象地描述它们。这就是天文学家要用更大的计量单位的原因。

177 年：
以每小时100千米的速度开车前往太阳所需要的时间。

太阳系以及太阳系外面

在地球外面，例如米和千米这些计量单位显得那么没用。行星之间的空间距离如此巨大，一个方便我们理解它们的好方法就是将空间物体缩小到我们可以理解的尺寸。

相对距离
将地球的尺寸缩小为一个圆点，它围绕太阳旋转的轨道为一个小圆圈，这样我们可以更好地理解地球与太空中其他邻近天体之间的相对距离。

如果这个点代表了地球的尺寸，那么……

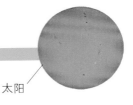

太阳

……**太阳将是一个直径为55厘米，距离地球6米远的球。**

如果这个圆圈代表了地球绕太阳旋转的轨道，那么……

海王星

比邻星

……**半人马座的比邻星，是距离太阳最近的一颗恒星，它的距离将为600米。**

……**海王星绕太阳旋转轨道的平均直径为15厘米，以及……**

太空旅行
一艘宇宙飞船即使以每小时100,000千米的速度飞行，仍然需要花费46,000年才能抵达离太阳最近的恒星——比邻星。

没有那么快！
科幻小说中宇宙飞船的航行速度比现实生活中的飞船速度要快太多了。

光速

一种感知我们宇宙尺度大小的方法是看看光线穿越巨大的宇宙距离所要花费的时间为多少。光是宇宙中跑得最快的东西，它以每秒300,000千米的速度移动。

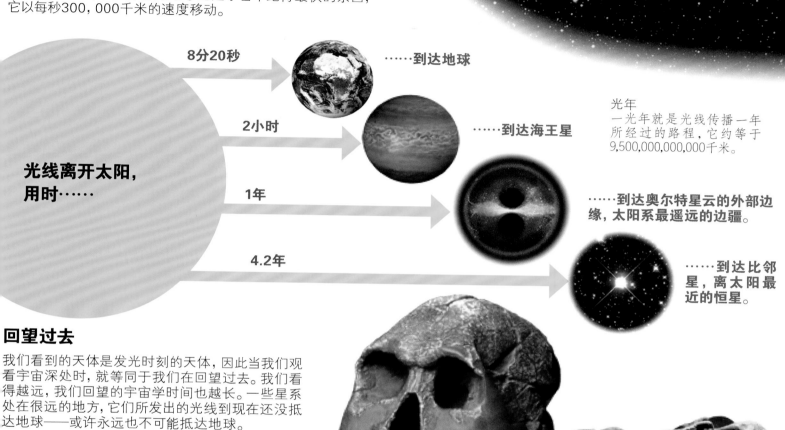

8分20秒 ······**到达地球**

2小时 ······**到达海王星**

1年 ······**到达奥尔特星云的外部边缘，太阳系最遥远的边疆。**

光线离开太阳，用时……

4.2年 ······**到达比邻星，离太阳最近的恒星。**

光年
一光年就是光线传播一年所经过的路程，它约等于9,500,000,000,000千米。

回望过去

我们看到的天体是发光时刻的天体，因此当我们观看宇宙深处时，就等同于我们在回望过去。我们看得越远，我们回望的宇宙学时间也越长。一些星系处在很远的地方，它们所发出的光线到现在还没抵达地球——或许永远也不可能抵达地球。

早期人类
我们现在所看到的仙女座大星系诞生于人类刚出现时——250万年前。

巨石阵
我们现在看到的鹰状星云（M16）的光线在5,500年前就开始了它们的旅程，那时古代英国的巨石阵正在被建造。

罗马时间
在2,000光年外，位于人马座的
25星团现在被我们看到的是它
在古罗马帝国时期发出来的光。

恐龙
光线在6,500万年前离开杜鹃座南面的NGC 406星系，当时正是恐龙时代。

天鹅座 [天鹅]

天鹅座也被称作北十字，它在银河北部那丰富的恒星云中显得与众不同。座内有很多迷人的恒星和星云。

星座档案

常用名	天鹅座
缩写	Cyg
可见范围	全世界
最佳观看时间	7月至11月，太阳落山之后
最亮的星	天津四

北半球

天鹅座的位置

起源

在希腊神话中，天鹅座是天神宙斯的伪装。他变形成为一只天鹅，前往拜访一个叫勒达的美丽姑娘。

天鹅的尾巴
天津四（天鹅座α）代表了天鹅座的尾巴。

天鹅的嘴巴
双星辇道增七（天鹅座β）标识出了天鹅的嘴巴。

天鹅座和法厄同
在另一个关于天鹅座的希腊神话里，他是被天神宙斯变作天鹅的一个神，在银河中搜寻他朋友法厄同的尸体。

天鹅座的亮点

天鹅座的位置正好位于银河中密度比较高的区域，使得这里成为一个寻找不寻常天体的好地方。这里包括一个著名的双星、一个可能的黑洞（见60至61页）和全天最亮的恒星之一——天津四。

天津四
天鹅座最亮的恒星距离地球2,500光年。它比太阳亮160,000多倍。

天鹅座裂缝
这是银河上的一条缝隙，显示了在那里有黑暗的尘埃阻挡了来自更远恒星的光。

北美洲星云（NGC 7000）
像北美洲的形状。这个星云可以用裸眼直接看到。

天鹅座X-1
这是个超大密度的黑洞，它吸积附近的物质并释放出X射线。

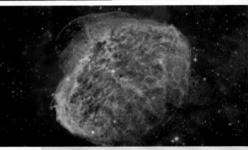

新月星云（NGC 6888）
这个发光的泡沫（见上图）是由于中央星快速吹出气体而形成的。

面纱星云（NGC 6992）
作为天鹅座中最亮的部分，面纱星云是60,000年前超新星的遗迹。

恒星的一生：双星

在正形成恒星的星云里，一些稍大的气体疙瘩塌缩形成两颗或多颗恒星。它们经常以固定彼此环绕的轨道度过余生。

辇道增七（天鹅座β）
在天鹅座的最南端，辇道增七那黄色和蓝色的两颗星使得它成为最漂亮的双星之一。

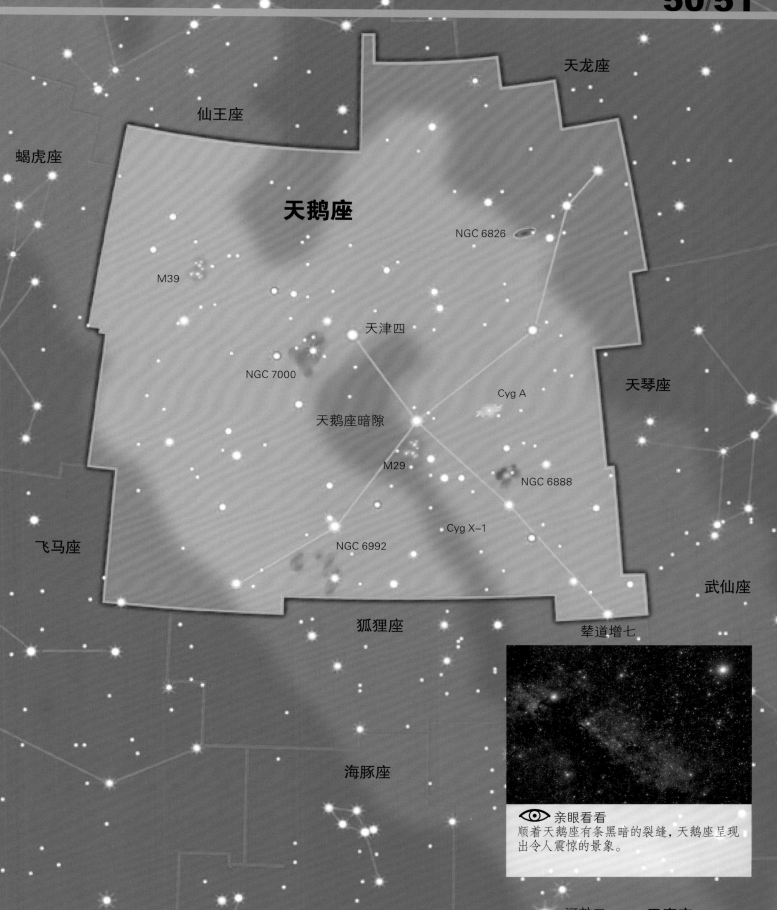

天龙座

仙王座

蝎虎座

天鹅座

NGC 6826

M39

天琴座

天津四

NGC 7000

Cyg A

天鹅座暗隙

M29

NGC 6888

飞马座

Cyg X–1

NGC 6992

武仙座

狐狸座

辇道增七

海豚座

👁 亲眼看看

顺着天鹅座有条黑暗的裂缝，天鹅座呈现出令人震惊的景象。

河鼓二　　天鹰座

天蝎座 [蝎子]

巨蛇尾

黄道

蛇夫座

心宿二

人马座

M80

M4

天秤座

豺狼座

天蝎座

M6

NGC 6383

NGC 6357/ 普日密斯 24

M7

尾宿八

NGC 6334

NGC 6124

南冕座

NGC 6322

NGC 6231

NGC 6388

NGC 6178

矩尺座

天坛座

👁 **亲眼看看**
通过寻找心宿二和它两侧的恒星来
寻找天蝎座。

天蝎座位于黄道带的最南端，靠近银河的中心。这个星座包含一些特殊的恒星、星云和星团。

星座档案

常用名	天蝎座
缩写	Sco
可见范围	全世界
最佳观看时间	4月至9月，太阳落山之后
最亮的星	心宿二

南半球

天蝎座的位置

起源

在希腊神话中，猎人奥利翁（详见40至41页）被蝎子的毒刺杀死。其他神话的说法是，一只毒蝎惊吓了法厄同的飞马，导致了法厄同的死亡（详见50页）。

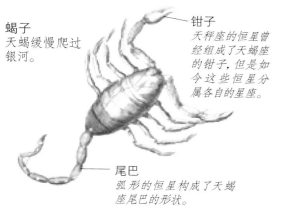

钳子
天秤座的恒星曾经组成了天蝎座的钳子，但是如今这些恒星分属各自的星座。

蝎子
天蝎缓慢爬过银河。

尾巴
弧形的恒星构成了天蝎座尾巴的形状。

恒星的一生：红巨星

当一颗恒星在生命快要终结时，会用尽核心的燃料，这时它通过燃烧核心周围的一层氢来保持发光。这样导致它显得非常明亮且尺寸膨胀变大，因此它的表面会冷却，呈橘色或红色。它有着巨大的尺寸，因此被叫作巨星或超巨星。

超巨星
位于发光的气体云内部的心宿二比太阳亮65,000倍。

天蝎座亮点

很多位于天蝎座的亮星都是太空中真正意义上的邻居。差不多在同一时间，它们在同一块拥有恒星形成原料的星云里诞生。

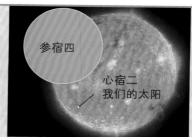

参宿四

心宿二
我们的太阳

心宿二
作为一颗巨大的恒星，心宿二的半径约为1,000,000,000千米。

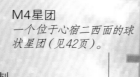

M4星团
一个位于心宿二西面的球状星团（见42页）。

尾刺
聚星尾宿八标识出了天蝎的尾巴。

普日密斯24和NGC 6357
在这个星团和关联的星云里，包含了已知的拥有最大质量和光度的一颗恒星。

猫掌星云（NGC 6334）
这些与众不同的斑点是发光的气体云，它的能量来自内部新生的恒星，这些恒星质量比太阳要大十倍以上。

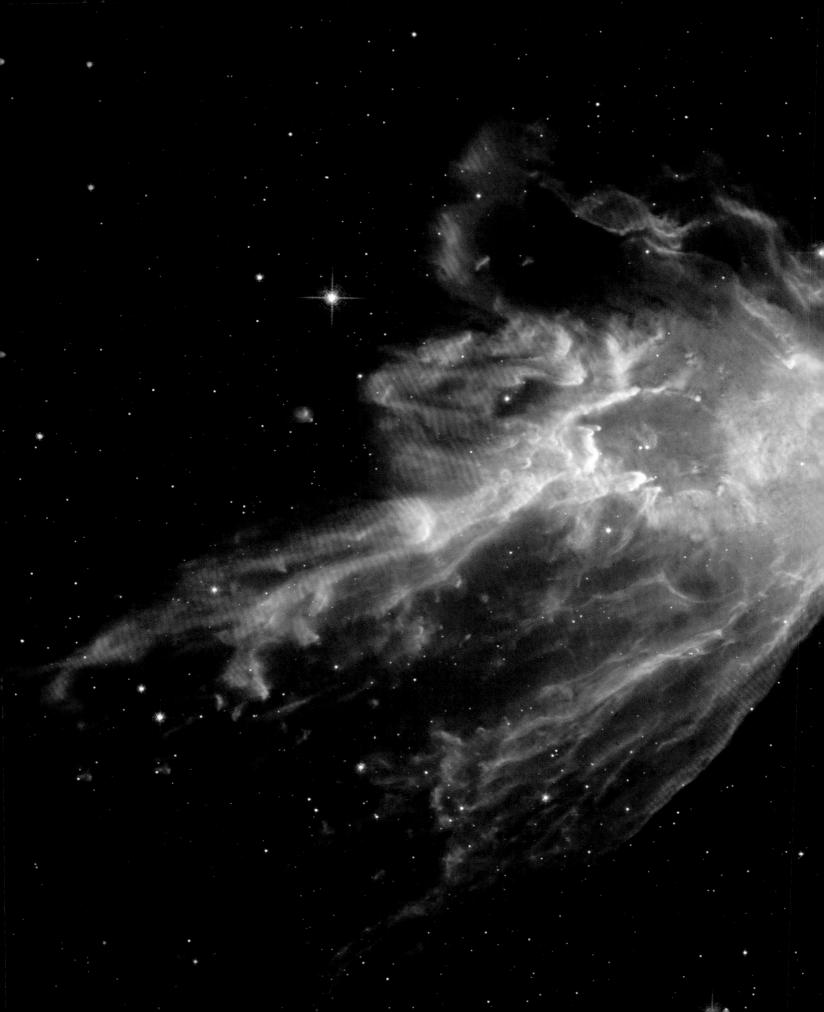

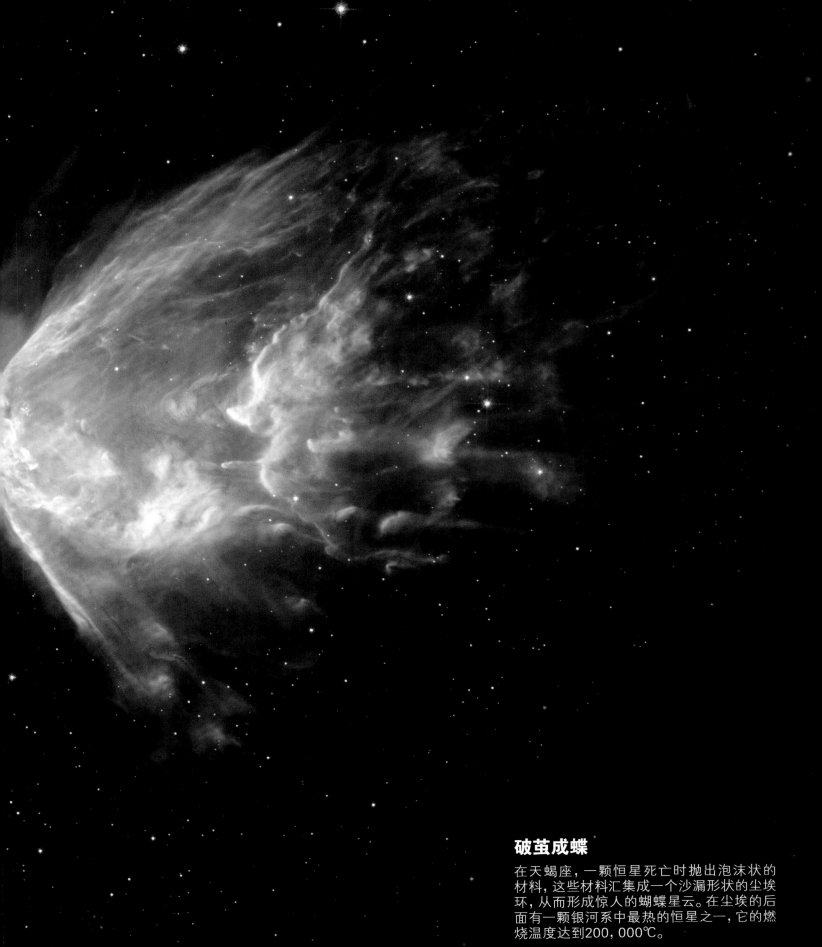

破茧成蝶

在天蝎座，一颗恒星死亡时抛出泡沫状的材料，这些材料汇集成一个沙漏形状的尘埃环，从而形成惊人的蝴蝶星云。在尘埃的后面有一颗银河系中最热的恒星之一，它的燃烧温度达到200,000℃。

天琴座 [七弦竖琴]

一件古代的乐器，七弦竖琴，被作为北方星空中一个小星座的名字。尽管它的尺寸很小，天琴座里却充满了壮丽的恒星和其他天体。

星座档案

常用名	天琴座
缩写	Lyr
可见范围	全世界
最佳观看时间	7月至10月，太阳落山之后
最亮的星	织女星

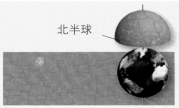

北半球

天琴座的位置

起源

在古希腊神话故事里，七弦竖琴（竖琴的一种）是由天才音乐家俄耳甫斯（见右图）弹奏的。

弹奏音乐
传说当俄耳甫斯弹奏七弦竖琴时，野兽们都被驯服了。

失去的爱
俄耳甫斯用音乐从死者灵魂居住的地府赢回了他那已经死去的妻子欧律狄克。他承诺在没有回到地面之前不回头看妻子，但是他忘却了自己的承诺，然后永远失去了妻子。

天琴座亮点

天琴座位于银河北段的边缘，包含了几颗惊人的恒星，这几颗恒星显示了恒星一生的不同阶段。

明亮的邻居
织女星位于距离地球仅有25光年的地方，它是全天第五亮星。

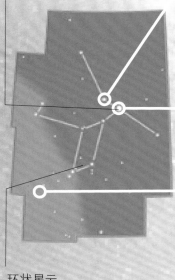

织女二
这神奇的四合星包含了两对相互环绕的双星。

织女星
织女星是一颗明亮的年轻恒星（见上图），它周围围绕着由尘埃组成的一个盘，这些尘埃物质可能会形成一个新的行星系统。

环状星云
这个著名的行星状星云位于天琴座最南端的两颗恒星之间，它可以被人们用小型天文望远镜看到。

M56星团
这个星团距离地球约33,000光年。

恒星的一生：垂死之星

最终，所有的恒星都将用完燃料且不能继续保持发光。如果说一颗恒星的质量跟太阳相当，那么它将成为一颗不稳定的红巨星，发生脉动且最终抛射出它的外层，形成一个叫作行星状星云的发光壳。高温且耗尽燃料的核心留在原地并塌缩形成一颗致密的白矮星（见60页）。

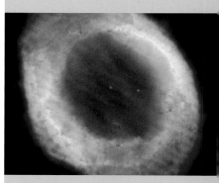

环状星云（M57）
这个在天琴座里面的行星状星云形成了一个气体环，它是一颗垂死之星的余辉。乍看之下，行星状星云像是行星。

天龙座

天琴R型星

天琴座

天琴RR型星

天鹅座

织女二

织女一

武仙座

M57

M56

狐狸座

👁 **亲眼看看**
由于其中的织女星非常明亮，天琴座很容易就能被辨认出来。

天箭座

金牛座 [公牛]

一眼就能辨认出来的金牛座看上去像是一头威猛公牛的前半身在天空中冲向猎户。在金牛座中有一些有趣的深空天体。

星座档案

常用名	金牛座
缩写	Tau
可见范围	全世界
最佳观看时间	11月至2月，太阳落山之后
最亮的星	毕宿五

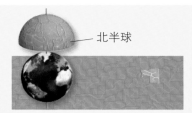

北半球

金牛座的位置

起源

金牛座就是这样一个明显的形似公牛的星星组合，它在很遥远的古代就被人们辨认出来了。它甚至在史前洞穴壁画中就被描绘出来了。

公牛的角
标识出金牛座上方那个牛角的恒星与隔壁的御夫座共用。

金牛座，公牛
这个独特的星座看上去像是一头公牛的头和抬升的前腿。

恒星的一生：超新星

当一颗真正的大质量恒星衰老时，它通过燃烧更重的元素来保持发光。最终，它在自身的引力作用下塌缩，触发了一次耀眼的超新星爆发。

蟹状星云
这些超高温气体碎片是在金牛座中一次超新星爆发后的残余物，地球上的人们在公元1054年看见了这次超新星爆发（译注：这一超新星爆发在我国北宋的史料中有详细记载）。

金牛座亮点

地球天空中最显眼的两大星团都位于金牛座，它还包含了数千年前爆发的一颗超新星残留下来的遗迹。

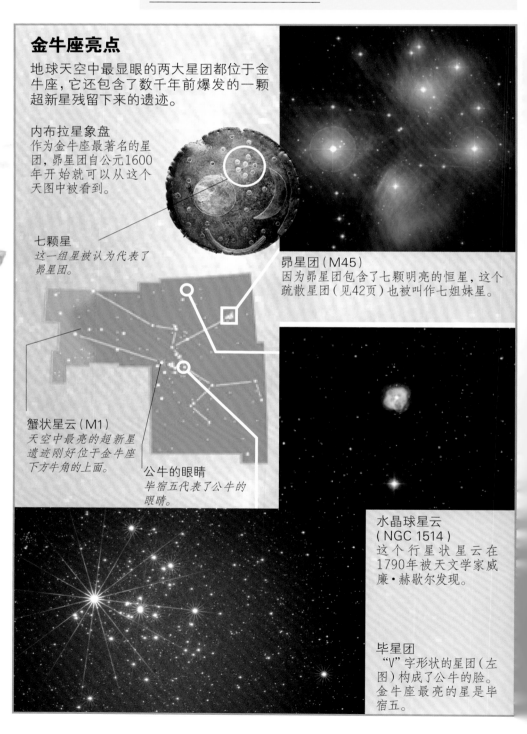

内布拉星象盘
作为金牛座最著名的星团，昴星团自公元1600年开始就可以从这个天图中被看到。

七颗星
这一组星被认为代表了昴星团。

蟹状星云（M1）
天空中最亮的超新星遗迹刚好位于金牛座下方牛角的上面。

公牛的眼睛
毕宿五代表了公牛的眼睛。

昴星团（M45）
因为昴星团包含了七颗明亮的恒星，这个疏散星团（见42页）也被叫作七姐妹星。

水晶球星云（NGC 1514）
这个行星状星云在1790年被天文学家威廉·赫歇尔发现。

毕星团
"V"字形状的星团（左图）构成了公牛的脸。金牛座最亮的星是毕宿五。

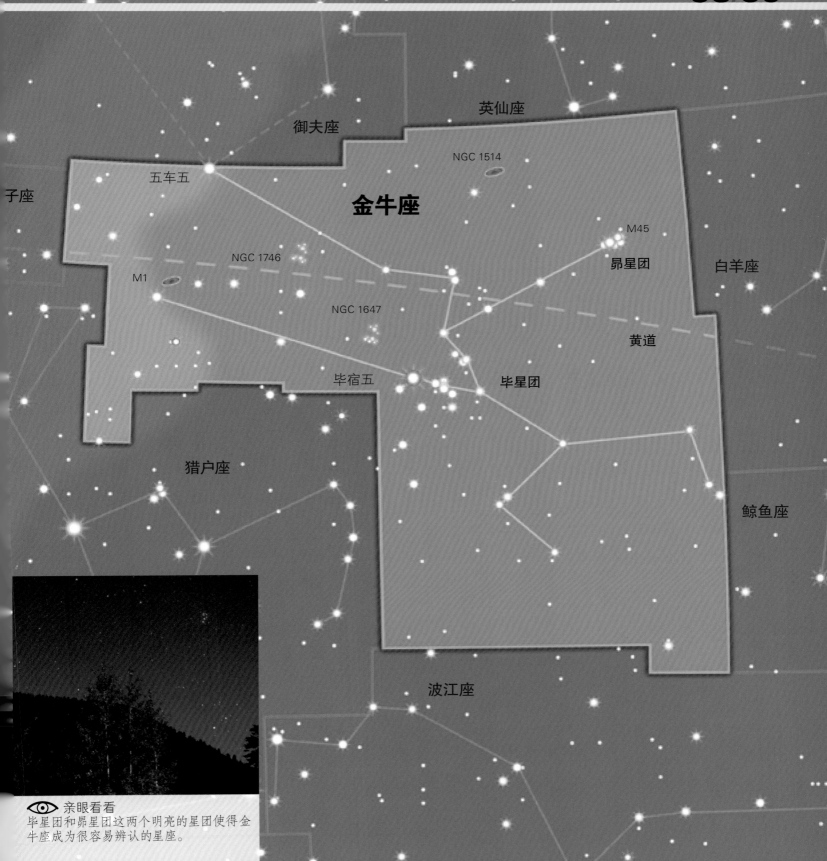

英仙座

御夫座

NGC 1514

金牛座

五车五

M45

子座

昴星团

白羊座

NGC 1746

M1

黄道

NGC 1647

毕星团

毕宿五

猎户座

鲸鱼座

波江座

👁 亲眼看看

毕星团和昴星团这两个明亮的星团使得金
牛座成为很容易辨认的星座。

特殊的星星 [恒星死亡之后]

当恒星死亡后，它的尸骸以燃烧殆尽的致密核形式存在并塌缩。这些已经死亡的恒星形成了宇宙中一些特殊的天体。

X射线
当物质掉入黑洞时，物质被加热至释放出高能X射线。

物质
太靠近黑洞的天体将被吸进去。

扭曲的空间
穿越黑洞附近的天体和光线将被改变原始的运动轨迹。

黑洞

这种情况非常稀少：死亡恒星核质量很大，它开始塌缩直到所有物质都被挤到同一个点上。这个点在一面叫作视界的墙后把自己在宇宙中封闭起来，没有东西可以从中逃脱出来。

面条效应
如果你掉进了黑洞，黑洞拉你脚的力量要比拉你头的力量大很多，你会像面条一样被拉伸开来！

白矮星

当一颗太阳大小的恒星在行星状星云（见56页）里爆掉它的外层时，剩下的就只有核心了。恒星核渐渐地变成一颗暗弱但是高温的白矮星，尺寸跟地球差不多。

中子星

质量达到八倍太阳质量的恒星以超新星爆发的形式结束自己的一生。有关的力量使得恒星原子相互分离，在快速的旋转中将幸存的中子压缩在一起，形成非常致密的中子星。

事件视界
任何东西都不能逃出这个点，包括光线。

钻石组成的核心
白矮星富含碳，这个元素在压缩后会形成钻石。

一针头大小的中子星质量跟一艘超级油轮的质量差不多。

引力井

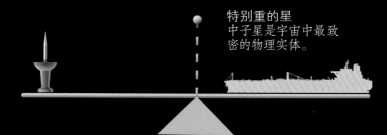

特别重的星
中子星是宇宙中最致密的物理实体。

已知最热的白矮星温度达到
200,000℃。

第一个被识别的黑洞是
天鹅座X-1，它距离地球约6,000光年。

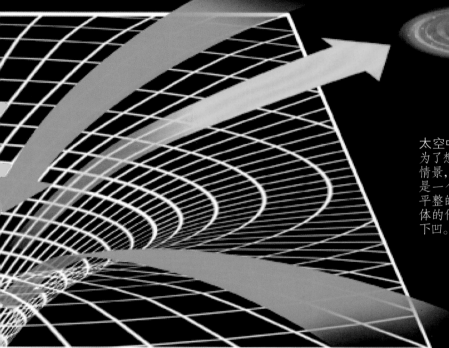

太空中的一个黑洞
为了想象黑洞造成影响的情景，一种方法是认为空间是一个被举起且被拉紧的平整的膜，由于中间超密天体的作用，平整膜的中间往下凹。

脉冲星

一颗中子星（详见60页）将原先那一颗恒星的大部分原始磁力压缩在一个狭小的空间里。这创造出了一个强大的场，引导来自恒星的辐射沿着两个狭窄的束状区域发出。其结果是通常会形成一个快速闪烁的脉冲星。

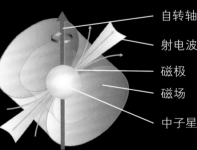

自转轴
射电波束
磁极
磁场
中子星

周期脉动的脉冲星
脉冲星有点像一座宇宙灯塔。脉冲星快速旋转，使得这座宇宙灯塔在每秒钟闪光数百次。

脉冲星闪光
脉冲星只有在它的光束直接指向地球时才能被人们看到。

看不到脉冲星　　看到脉冲星　　看不到脉冲星

更多信息

《最神秘！黑洞不是洞》
[英]卡洛琳·西娜米·迪卡瑞斯通法诺/著

《中国国家地理少儿百科：宇宙》
[英]马可·加利克/著

黑洞
事件视界
脉冲星
意大利面化
天鹅座X-1
白矮星
中子星

自己试着去看看：有一颗白矮星绕着全天最亮的天狼星旋转。但是最容易且用双筒望远镜就能看的是波江座，它位于南半天球。

行星状星云：当一颗红色恒星死亡时抛射出来的外部气体层。

超新星：由一颗大质量恒星正常死亡时的爆炸产生。

X射线：由恒星或高温气体云放射出的一种辐射形式。

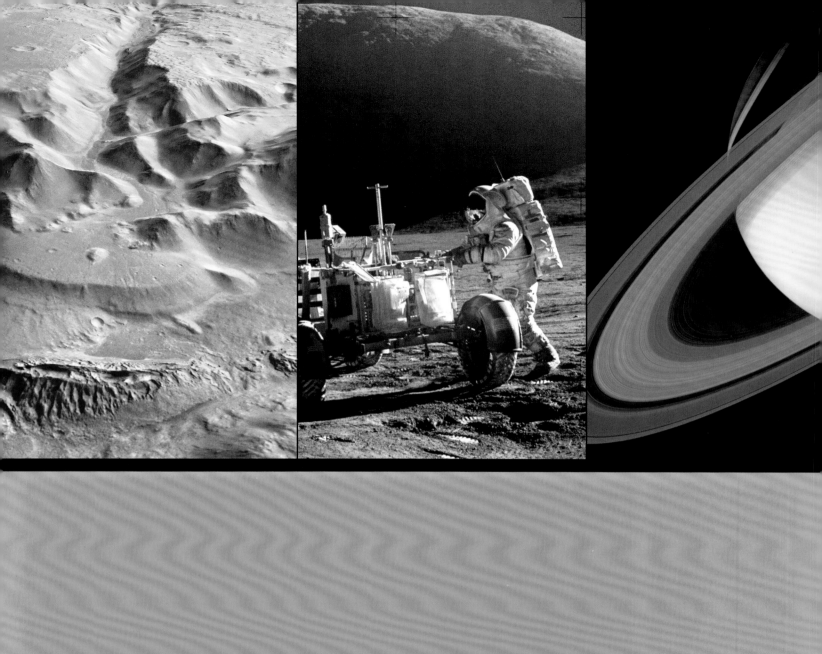

* 为什么人们相信火星上有生命？

* 谁迈出了"一小步"？

* 是什么造成了行星惊人的环？

发现神奇的行星

行星 [岩石行星和巨行星]

行星是绕着太阳旋转的球状天体。它们还常常会伴随有绕着它们旋转的卫星（见86至87页）。太阳系中有八大行星：离太阳较近的四颗稍小的岩石行星和离太阳较远的四颗气体巨行星。

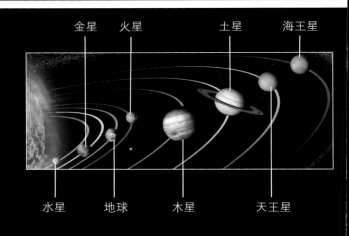

金星　火星　土星　海王星

水星　地球　木星　天王星

岩石行星

水星、金星、地球、火星都是岩石行星。它们主要由固态岩石构成，它们的表面硬到足可以站人。这些行星里的岩石又根据不同的质量分有不同的岩石层，这造成了一个固体的或是熔融铁的核心，表面上则是相对较轻的岩石。

太阳质量达到太阳系中所有行星加起来质量的**743**倍。

水星
作为太阳系八大行星中最小的一颗，水星只比月球稍微大一点。

地球
我们的家园是太阳系中最大的岩石行星。地球的熔岩核心产生了火山爆发，地球还有一个浓密的大气层，并且是目前已知的唯一一颗拥有海洋的行星。

金星
太阳系中第二大岩石行星，只比地球稍小。跟地球相比，金星显得异常不同，它有一个浓密且有毒的大气层，以及灼热的气候。

太阳
太阳处在太阳系的正中间，它使我们的行星看上去非常小。它强大的引力使得行星绕它旋转。

火星
火星是最外面的一个岩石行星，其尺寸大概为地球的一半，它拥有稀薄的大气层和一个干冷的表面。

从地球上看

这些图片显示了通过一架高质量的大型后院式天文望远镜看到的其他七颗行星的图像。

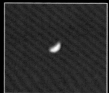 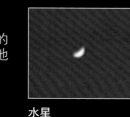 

水星　　　　　金星　　　　　火星

气体巨行星

木星、土星、天王星和海王星比起前面提到的岩石行星要大。它们的中心只有很小一个固体核，外面包着一层很厚的气体。

木星
八大行星中最大的一颗。木星高速旋转致使它的赤道向外凸起，使得它看上去呈明显的椭圆形。

天王星
天王星是个巨大的气体和液体球。这个奇怪的行星是被天文望远镜发现的。

土星
土星是古代天文学家所能知道的最远行星，但是它的环直到天文望远镜（见18页）发明了之后才被发现。

海王星
八大行星中最远的一颗，海王星是个寒冷、沙冰混合的冰球。它的外层大气拥有太阳系最剧烈的风。

亲眼看看
远距离的大行星看上去比相对较近的行星小很多，这是因为它们离我们实在太远了。

更多信息

《世界大战》
[英]赫伯特·乔治·威尔斯/著

《谁是尼尔·阿姆斯特朗》
[美]罗伯塔·爱德华兹/著

气态巨行星　岩石行星
甲烷　太阳系
美国国家航空航天局（NASA）

《行星旅行指南》
美国国家地理频道2010年出品

国家航空航天博物馆
华盛顿美国自然历史博物馆地球和太空中心
格里菲斯天文台

公转 [我们的太阳系]

太阳巨大的引力使得行星及太阳系内的其他天体围绕着它旋转。太空中的距离非常巨大，这个距离可以用天文单位（AU）来衡量，一天文单位相当于地球到太阳的平均距离。

围绕太阳旋转
每颗行星都沿着绕太阳的椭圆形轨道旋转，水星跟火星的绕行轨道显得最不规则。

太阳系地图

距离太阳越远的行星，它的绕行轨道也就越大，而且它的绕行速度也越低。行星绕太阳旋转一周所花的时间就是它的一年，而行星绕着自转轴旋转一周则是它的一天。行星两极的倾斜角度使得它有了季节变化。

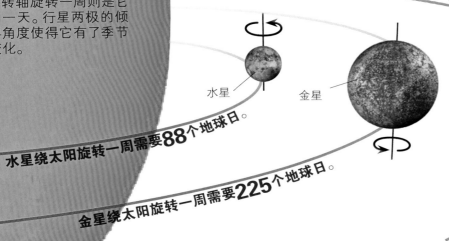

木星绕太阳旋转一周需要 **12** 个地球年。

火星绕太阳旋转一周需要 **687** 个地球日。

地球绕太阳旋转一周需要 **365.25** 个地球日。

水星绕太阳旋转一周需要 **88** 个地球日。

金星绕太阳旋转一周需要 **225** 个地球日。

水星　金星　地球　火星　太阳

水星		金星		地球		火星	
离太阳的平均距离	58,000,000 千米/0.39天文单位	离太阳的平均距离	107,000,000 千米/0.73天文单位	离太阳的平均距离	150,000,000 千米/1.00天文单位	离太阳的平均距离	228,000,000 千米/1.52天文单位
轨道周期	88个地球日	轨道周期	225个地球日	轨道周期	365.25个地球日	轨道周期	687个地球日
自转轴倾角	2.1°	自转轴倾角	177.3°	自转轴倾角	23.5°	自转轴倾角	25.2°

行星大小

涉及宇宙（即便在我们的太阳系中）的距离和尺寸都非常大，以至于它们很难被我们理解。为了更好地理解行星的相对尺度，我们用常见的东西来打个比方。

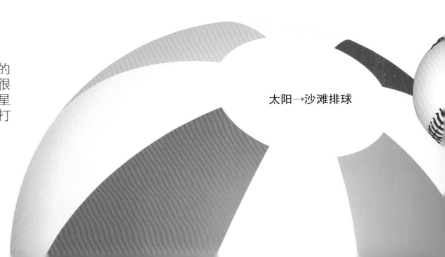

太阳→沙滩排球

第一个生日： 在2011年，自1846年

发现海王星起，它终于完成了绕太阳旋转的第一圈。

行星的自转方向

行星的自转轴

海王星绕太阳旋转一周需要**165**个地球年。

天王星绕太阳旋转一周需要**84**个地球年。

土星绕太阳旋转一周需要**29.5**个地球年。

木星

土星

土星环

轨道间距不同！
在太空中，外围气态巨行星轨道之间的距离要比内围岩石行星轨道之间的距离大很多。

季节的产生
当行星沿着轨道绕太阳旋转时，它的自转轴方向一直保持不变。正因为如此，在这一年里，行星上不同地方接收到太阳光线的多少也不同，这些周期性的变化就产生了季节。

天王星

海王星

木星

离太阳的平均距离	777,000,000 千米/5.2天文单位
轨道周期	12个地球年
自转轴倾角	3.1°

土星

离太阳的平均距离	1,400,000,000 千米/9.6天文单位
轨道周期	29.5个地球年
自转轴倾角	26.7°

天王星

离太阳的平均距离	2,900,000,000 千米/19.2天文单位
轨道周期	84个地球年
自转轴倾角	97.8°

海王星

离太阳的平均距离	4,500,000,000 千米/30.1天文单位
轨道周期	165个地球年
自转轴倾角	28.3°

木星→棒球

土星→网球

天王星→高尔夫球

海王星→乒乓球

地球和金星→豌豆

火星→干扁豆

水星→米粒

等效尺寸
如果把太阳大小看作沙滩排球的尺寸，那么相应的水星只有米粒那么大！

月球 [天然卫星]

月亮是夜空中最亮的天体。它每个月绕地球旋转一周，它反射太阳光而且可见的表面大小一直都在变化。

固定的脸

你只能看见月亮离地球较近的一面，较远的另一面在地球上是永远看不到的。这是因为月亮绕着地球转，而它自身也在绕着它的自转轴旋转。

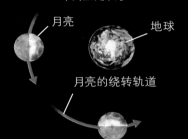

月亮

地球

月亮的绕转轨道

太阳光线

月亮近地面可见
月亮绕着地球旋转的公转周期和月亮绕着自转轴旋转的自转周期相同，这意味着只有靠近地球的这一面永远朝向地球。

一个月的月相

如果你坚持一个月有规律地观看月亮，你就会发现它的形状一直是在改变的。月亮在不同时候呈现出不同的部分，这要取决于有多少太阳光线照射在它表面。在以29.5天为一个周期的时间里，月亮穿过了以9个月相为一个周期的循环，它从新月到满月再到新月。

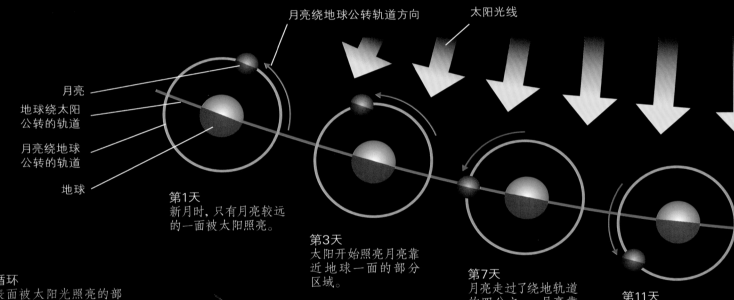

月亮绕地球公转轨道方向

太阳光线

月亮

地球绕太阳公转的轨道

月亮绕地球公转的轨道

地球

第1天
新月时，只有月亮较远的一面被太阳照亮。

第3天
太阳开始照亮月亮靠近地球一面的部分区域。

第7天
月亮走过了绕地轨道的四分之一，月亮靠近地球一面的一半被照亮了。

第11天
月亮靠近地球一面已经有超过一半被照亮。凸月意味着月亮的形状凸起。

每月循环
月亮表面被太阳光照亮的部分在地球上的可见面积一直在变化，这个变化以29.5天为一个循环周期（译注：因为此时地球也在绕太阳公转，故月相变化周期长于月球公转周期）。因为月亮的旋转，所以我们只能见到它靠近地球的一面。

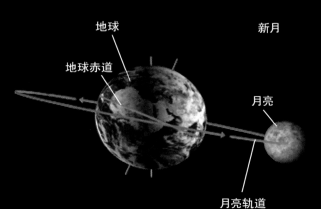

地球

地球赤道

月亮

月亮轨道
月亮绕地球旋转的轨道相对于地球的赤道有一个5°的倾角。

月亮轨道

新月

峨眉月

上弦月

盈凸月

27.32 天

食

太阳和月亮在天空中看起来大小一样,这意味着在偶尔的情况下,当地球、太阳和月亮排列成一条直线时,有日食或月食的发生。除非你戴了特殊的眼镜来保护眼睛免受伤害,不然的话绝对不要直接观看日食。

日食
在地面上看,月亮刚好穿过太阳的表面。对于地面上的部分区域来说,太阳光被暂时挡住了。

月食
整个月亮穿过地球的阴影,太阳光被完全遮挡住了。在月食的峰值期,月亮看上去是血红色的。

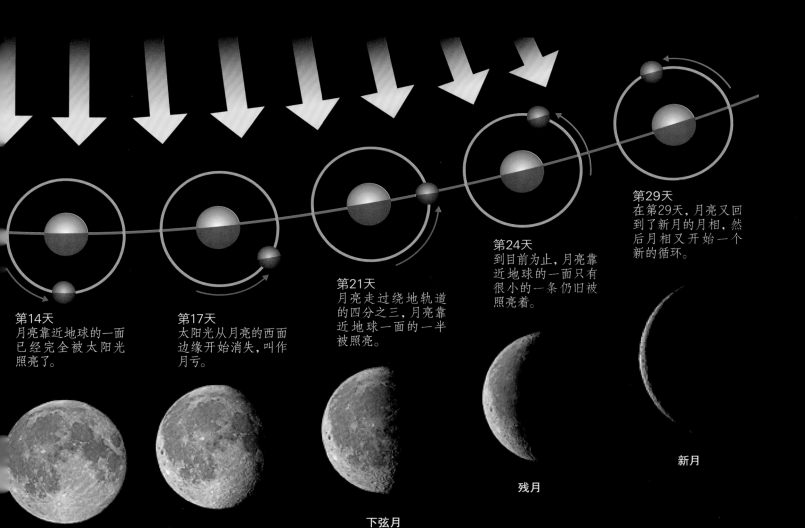

第14天
月亮靠近地球的一面已经完全被太阳光照亮了。

第17天
太阳光从月亮的西面边缘开始消失,叫作月亏。

第21天
月亮走过绕地轨道的四分之三,月亮靠近地球一面的一半被照亮。

第24天
到目前为止,月亮靠近地球的一面只有很小的一条仍旧被照亮着。

第29天
在第29天,月亮又回到了新月的月相,然后月相又开始一个新的循环。

满月

亏凸月

下弦月

残月

新月

月亮绕地球旋转一周所需要的时间。

月亮是太空中我们最近的邻居，这使得它成为人们利用裸眼、双筒望远镜或天文望远镜来详细观测的最佳天体。跟地球一样，月亮有其迷人及多样化的景观。

最佳观看时间

月面的地形所投下的阴影使得它们很容易被看到。满月时影子很短，相比之下，上弦月和下弦月时（见68至69页）你可以看到更多的细节。

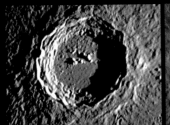

光线从侧面照亮环形山 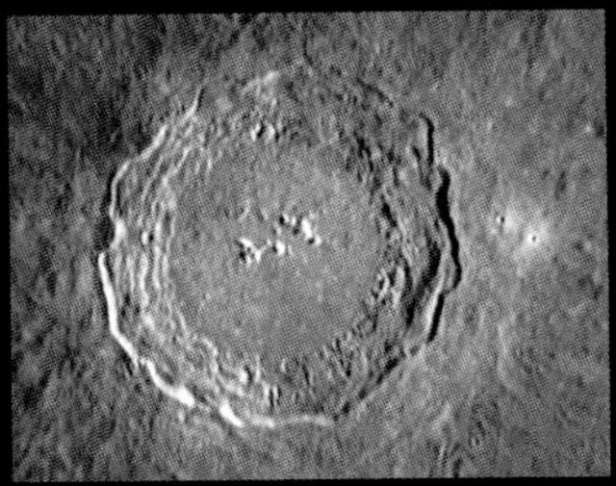　　　**光线从上空照亮环形山**

月亮的影子
在不同的月相时拍摄的图片显示了阴影如何影响哥白尼环形山的可见性。上图，环形山被太阳光从一个侧面照亮（左图）和直接从上方照亮（右图）。

靠近和远离地球的月球表面

我们非常幸运，因为月亮有趣的一面（右图）永远朝向地球，上面有月海、环形山和山脉。远离地球的月亮表面（下图）主要是充满了深坑的荒地。

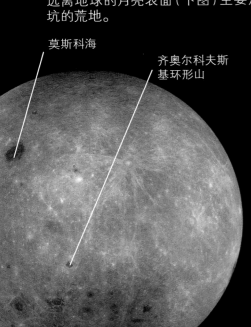

莫斯科海

齐奥尔科夫斯基环形山

靠近地球的一面
在我们所熟悉的月亮靠近地球那一面，布满了黑色的月海（其实是在古时候凝固的熔岩平原），以及明亮的布满坑洞的高原区域。

远离地球的一面
大家仍旧不知道为什么月亮上远离地球的一面只有那么少的黑色月海。

柏拉图环形山

虹湾

哥白尼环形山

雨海

风暴洋

开普勒环形山

格里马尔迪环形山

云海

湿海

第谷环形山

冷海

月球亚平宁山脉

澄海

危海

静海

丰富海

酒海

造成第谷环形山的撞击产生的"辐射纹"

爱德文·巴茨·奥尔德林

作为阿波罗11号登月任务的一部分，奥尔德林是第二个在月球表面留下脚印的人。

探索月球

自从20世纪50年代开始，无人驾驶的探测器就已经开始探索月球了。但是穿越约400,000千米的空间距离抵达月球仍然是一个巨大挑战。到目前为止，仅有12名航天员在月球表面上行走，他们全部属于美国阿波罗计划的一部分。月球计划和月球车计划是苏联的登月计划，嫦娥工程是我国的登月计划。

1959	月球2号 第一个着陆在月球表面的探测器（以撞击的形式）
	月球3号 月球背面的第一张照片
1964	流浪者7号 月球表面的第一张近距离照片
1966	月球9号 第一次软着陆
	月球轨道1号 第一次在绕月轨道上探测月球
1969	阿波罗11号 人类第一次登上月球，由尼尔·阿姆斯特朗和巴茨·奥尔德林在7月20日登陆
1970	月球车1号 第一辆自动月球车
1971	阿波罗15号 第一次使用月面考察车
1972	阿波罗17号 目前为止，最后一次载人登月
1976	月球24号 第一次机器人采样返回任务
1998	月球勘探者号 第一次详细地绘制月球表面矿物质分布图
2008	月船1号 在月球表面发现水冰

"我个人的一小步，

全人类的一大步。"

——尼尔·阿姆斯特朗在登上月球时的第一句话，1969年

月球地貌 [近观]

尽管它是夜空中最亮的天体，但是乍一看，月球的图像却显得那么黯淡无光。通过从月球上带回来的岩石样本和利用空间探测器对月球进行近距离观察，人们揭示了月球迷人的历史以及多样的地貌。

月球形成

月球大概在地球形成之后五千万年才形成，当时一个火星大小的行星撞向年轻的地球。一个巨大的碎片分离出来并被甩到绕地球的轨道上，它在那条轨道上浓缩和凝固形成现在的月球。

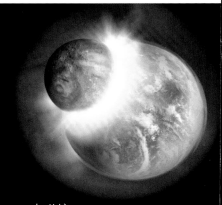

大碰撞
天文学家将碰撞的那颗行星叫作忒伊亚，以古希腊神话中月神的母亲来命名。

环形山

月球表面几乎所有的环形山都是由数亿年前陨石撞击而形成的。其中的许多环形山都有阶梯状斜坡和中央峰。

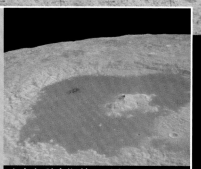

齐奥尔科夫斯基环形山

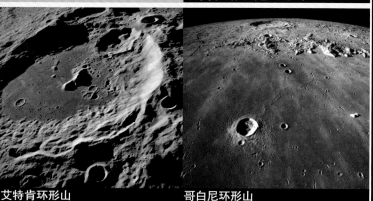

艾特肯环形山　　　哥白尼环形山

月海

月海是些黑暗的平原，这些平原由30亿年前的火山熔岩覆盖了撞击盆地而形成。这些坚实的熔岩又遭受了无数微小的撞击而变成粉末状。

月球车在熔岩平原

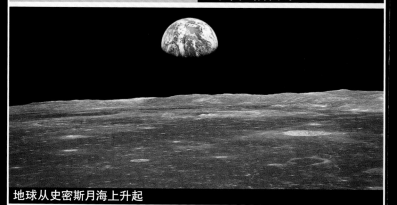

地球从史密斯月海上升起

月岩

20世纪六七十年代的阿波罗计划以月球靠近地球那面上不同的六块区域为目标。航天员被训练成一个地质学家并收集大量的月岩。这些月岩帮助地球上的科学家去描绘一幅45亿年来月球的详细图片。

切块
航天员哈里森·施密特在阿波罗17号任务中带回了一块岩石。

有价值的发现
这块月岩是由阿波罗17号从月球陶拉斯－利特罗峡谷带回来的。

到目前为止，航天员已经带回来约

382 千克月岩。

山峰

月球的山峰都是由陨石的撞击而形成的。它们作为孤立的群峰存在于环形山的正中间，或者以连续的山脉形式围绕在撞击盆地的边缘。

月球亚平宁山脉

阿波罗15号全景照
这张特殊的照片显示了位于亚平宁山脉的哈德利山周围的景色。

第谷环形山的中央峰

熔岩管

这种类似于地球上小火山喷发的证据在月球上是非常稀有的。几个叫作熔岩管的蜿蜒山谷显示了熔岩从裂缝中爆发出来并在表面上冲刷出管状路的景象。

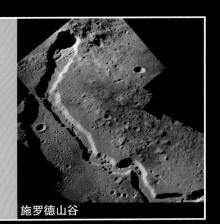

施罗德山谷

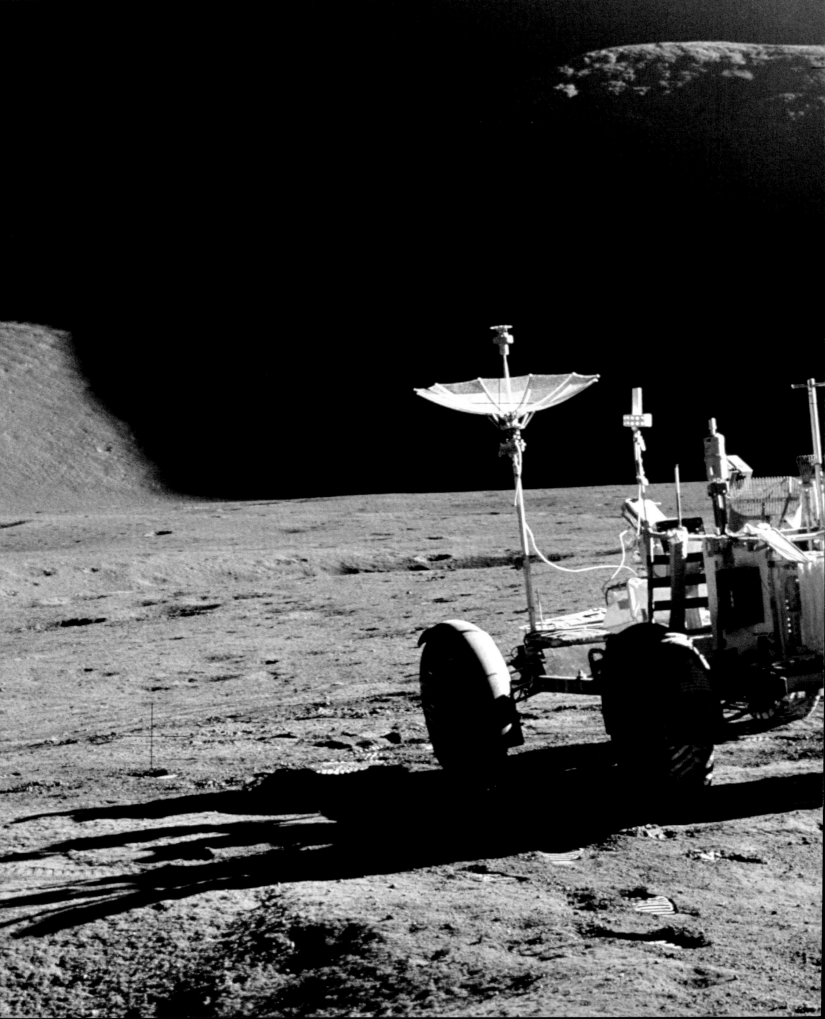

在月球表面行驶

1969至1972年间，有6个阿波罗探测器成功登上了月球（见71页）。在最后三个任务中，月球车使进一步探索月球表面成为可能。其中詹姆斯·艾尔文乘坐的阿波罗15号和月球车位于哈德利山脚附近。

水星和金星 [岩石行星]

水星和金星,这两颗行星的轨道比地球的轨道离太阳要近(见66页)。水星是颗很小且快速移动的行星,它的表面都被烧焦了且大气非常稀薄。金星的尺寸跟地球差不多,它被自己高密度的大气给遮蔽了。

你能看到什么

👁 裸眼看　　🔭 天文望远镜看　　👁 裸眼看　　🔭 天文望远镜看

观察说明: 水星
水星只有在黎明前和日落后的天空中可以被看到,且一年中可见日子没几天,因为只有当它远离太阳时才能被我们看到。通过天文望远镜,你可以看到一个小盘似的形状,也可能看到其他相位。

观察说明: 金星
在早晨和傍晚,金星是非常明显的。如果你通过天文望远镜看,就可以看到金星明亮的云顶。当它围绕着太阳旋转时,它的形状和尺寸也会相应地跟着改变。

水星

水星围绕太阳的旋转周期小于三个月。它只有在黎明前和日落后可以被看见。它看上去跟月球非常相似,拥有被多次猛烈撞击的陨石坑且没有大气层。但是,它的温度要高很多——水星表面的温度高到足以熔化铅。水星最奇怪的特征之一是它巨大的金属核,金属核占了它内部总重量的百分之四十左右。

水星

直径	4,880千米——地球的0.38倍
质量	地球的0.06倍
引力	地球的0.38倍
旋转周期	59天
卫星数	0

水星表面温度达到
427℃。

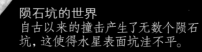

陨石坑的世界
自古以来的撞击产生了无数个陨石坑,这使得水星表面坑洼不平。

前往水星的信使号
水星移动速度很快,这使得航天器很难登陆它。信使号,作为第一艘详细探索水星的航天器,花了七年的时间进入它的轨道,最终在2011年抵达。

水星上有什么?
虽然白天温度很高,但是水星晚上是非常冷的(−180℃)。水星两极附近深深的撞击坑中从未得到阳光照射,天文学家猜想,这些地方可能充满了彗星撞击后留下的冰块。

金星

离地球最近的行星。金星在早晨和傍晚的天空中显得格外明亮。由于金星围绕着太阳旋转，我们看到金星被太阳照亮的面积在改变，因此我们可以看到类似于月亮那样，金星呈现不同的相位（见68至69页）。通过小型天文望远镜，我们就可以看它的相位。

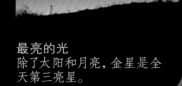

最亮的光
除了太阳和月亮，金星是全天第三亮星。

金星

直径	12,102千米——地球的0.95倍
质量	地球的0.82倍
引力	地球的0.91倍
旋转周期	243天
卫星数量	0

令人窒息的大气圈
金星的大气密度比地球的要大很多，主要是有毒的二氧化碳气体。这使得这颗行星的温度高达460℃，并且表面压力巨大。

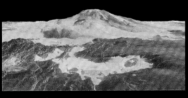

云层下方
空间探测器可以发射雷达射束进入金星大气层里面并描绘出金星的表面图像。

登陆金星
在20世纪60至80年代，苏联一系列的金星号空间探测器尝试登陆金星。第一架还没到达金星表面就被熔化了。由于很强的屏蔽性，随后的任务传回图像都延迟了好几分钟，例如金星4号。

火山世界
雷达图像显示金星是颗到处都在进行着火山喷发的行星。

火星 [红色星球]

火星是最容易看见的行星之一，它因为显示红色而著名。尽管它的表面非常寒冷和干燥，但是它是跟地球最类似的一颗岩石行星，它储存有大量隐藏着的水。

火星表面

火星表面是一幅由有深坑的高地和地势较低的平原混合成的景象。这幅景象覆盖了整个过去自然活动的证据，从巨大的火山到冲积平原和河谷。火星的极点跟地球上的类似，也有明亮的冰盖。

火星漫游车
美国国家航空航天局（NASA）已经发送轮式机器人到火星表面去研究这颗迷人的行星。

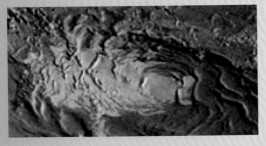

冰态行星
火星上的冰盖是由冰冻的二氧化碳（或"干冰"）及被埋藏着的水冰组成的。

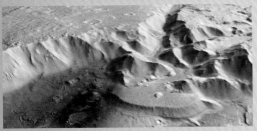

河谷
火星有流水冲刷形成的陡峭山谷。这是这颗行星在古时候要比现在更加温暖和湿润的证据。

火星看上去非常热，但是事实上它非常冷。

奥林匹斯山

塔尔西斯火山链

火星

直径	6,795千米——地球的0.53倍
质量	地球的0.107倍
引力	地球的0.38倍
旋转周期	24小时39分
卫星数量	2

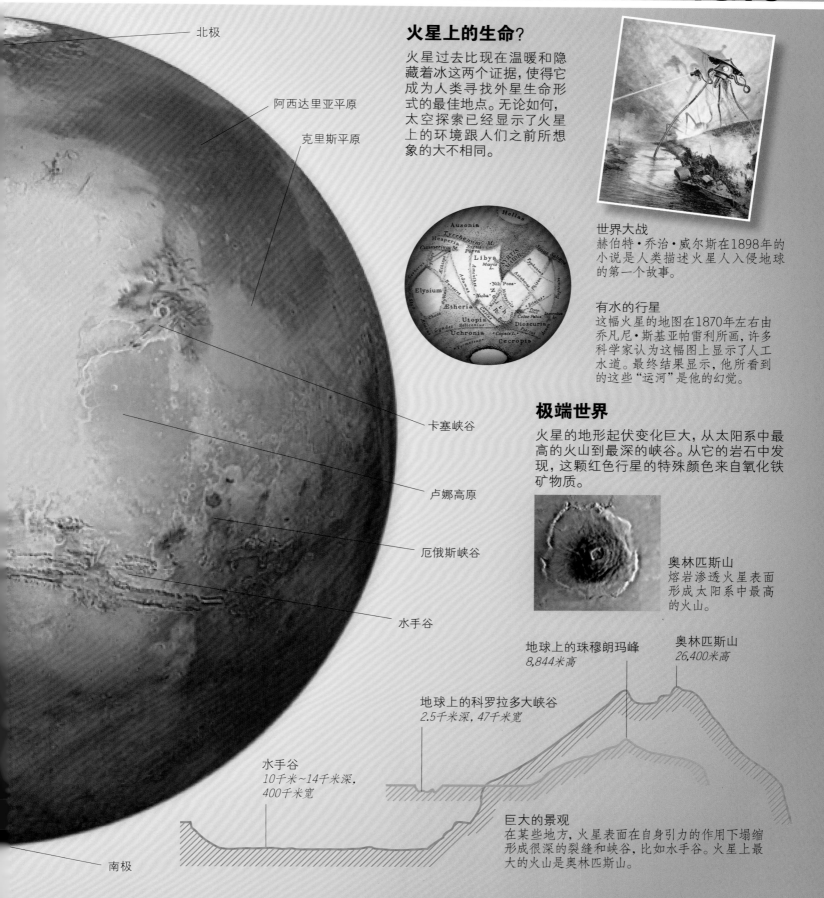

北极

阿西达里亚平原

克里斯平原

卡塞峡谷

卢娜高原

厄俄斯峡谷

水手谷

南极

火星上的生命？

火星过去比现在温暖和隐藏着冰这两个证据，使得它成为人类寻找外星生命形式的最佳地点。无论如何，太空探索已经显示了火星上的环境跟人们之前所想象的大不相同。

世界大战
赫伯特·乔治·威尔斯在1898年的小说是人类描述火星人入侵地球的第一个故事。

有水的行星
这幅火星的地图在1870年左右由乔凡尼·斯基亚帕雷利所画，许多科学家认为这幅图上显示了人工水道。最终结果显示，他所看到的这些"运河"是他的幻觉。

极端世界

火星的地形起伏变化巨大，从太阳系中最高的火山到最深的峡谷。从它的岩石中发现，这颗红色行星的特殊颜色来自氧化铁矿物质。

奥林匹斯山
熔岩渗透火星表面形成太阳系中最高的火山。

地球上的珠穆朗玛峰
8,844米高

奥林匹斯山
26,400米高

地球上的科罗拉多大峡谷
2.5千米深，47千米宽

水手谷
10千米~14千米深，400千米宽

巨大的景观
在某些地方，火星表面在自身引力的作用下塌缩形成很深的裂缝和峡谷，比如水手谷。火星上最大的火山是奥林匹斯山。

木星 [巨行星]

木星作为太阳系中最大的行星，空间足以容纳所有其他行星且还有剩余。它是由一些或亮或暗的云带包围着的巨大气体球，上面的剧烈风暴可以发展得比整个地球还要大。

木星	
直径	142,984千米——地球的11.21倍
质量	地球的318倍
引力	地球的2.53倍
绕转周期	9小时56分
卫星数量	63

近距离图像
这幅木星的彩图是由卡西尼号空间探测器在2000年拍摄的。

红色斑点

木星最显著的特征就是有被叫作"大红斑"的红色椭圆斑点，它是尺寸比地球大两倍的木星大气风暴。大红斑被天文学家发现的历史至少已经有200年了。有时候，大红斑的附近还伴随有其他稍小的斑点。

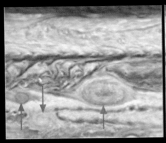

2008年5月15日
在木星的南半球有三个红色斑点围绕着它。

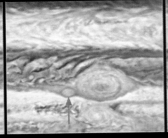

2008年6月28日
小一点儿的斑点即将跟大红斑相撞。

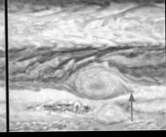

2008年7月8日
最小的斑点被巨大的风暴完全吞噬。

气态巨行星

木星的气态成分使得它比其他行星要更类似于太阳。人类永远不可能在木星表面登陆。木星表面上的云带、旋涡和斑点都是由于大气的运动造成的。

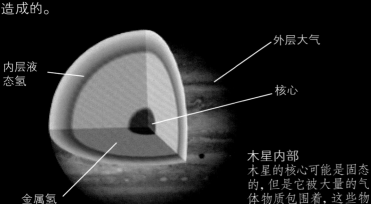

外层大气

内层液态氢

核心

金属氢

木星内部
木星的核心可能是固态的，但是它被大量的气体物质包围着，这些物质主要是氢。

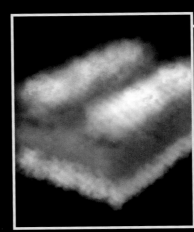

木星的表面
明亮的黄色和红色云层旋涡围绕着木星，使得它有这样一个明显的、色彩斑斓的外貌。

云带

大红斑

木卫四
（卡利斯托）

木卫三
（伽倪墨得）

木卫二
（欧罗巴）

木卫一
（艾奥）

➕

其他
59
颗

＝

63
颗卫星

木星的卫星

木星有个巨大的家庭，它目前已知拥有63颗卫星，其中四颗卫星跟地球的卫星月球的尺寸大致相同。这四颗卫星（左图）是由意大利天文学家伽利略在1609年发现的，因此它们又被叫伽利略卫星。

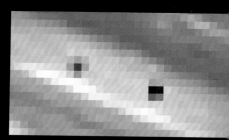

艾奥（木卫一）的影子
当卫星飞越木星的前面时，卫星的影子投射在了木星的表面。当卫星飞到木星的后面时，木星遮掩了卫星。

彗星捕手

木星巨大的尺寸和引力使得彗星和小行星不断撞向它。这些巨大的爆炸在木星云层里面留下了长时间存在的黑暗疤痕。

彗星杀手
在1994年，木星将苏梅克—列维9号彗星拉向死亡。这造成了人们迄今为止在太阳系内见到的最大爆炸。

1,321：

木星可以容纳地球的个数

土星环

土星因为它拥有特殊的环而著名，它是用裸眼可见的最远行星。所有巨行星都有由岩石碎片和冰块组成的环，但是土星环给人的印象最为深刻，其直径高达280，000千米。左图是由美国国家航空航天局的卡西尼号空间探测器在土星附近的轨道上拍摄的。图片显示了这些环以及它们投射在土星表面的深影。

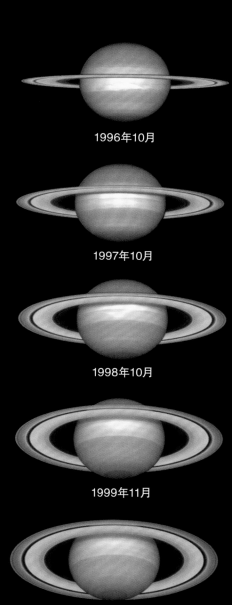

1996年10月

1997年10月

1998年10月

1999年11月

2000年11月

改变的视野
土星的倾斜角为26°，因此当它绕着太阳旋转时，我们可以从不同的角度去看它，同时光环以不同的角度呈现在我们眼前。

外围行星 [冰巨星]

天王星和海王星是太阳系中最外围的行星，有时候被人们称作冰巨星，这是因为在它们的表层底下是水层和冰层。在海王星的外面是柯伊伯带，其中有大量的冰矮星，同时也包括冥王星。

天王星的冬季长度：

42年。

环
天王星被由13个窄环组成的系统所围绕。

暗环
天王星拥有由大量冰冻甲烷组成的暗环。

天王星

天王星是第一颗被望远镜发现的行星，它是在1781年由天文学家威廉·赫歇尔发现的。在他位于英国巴斯的家的后院里，威廉·赫歇尔利用他自己亲手制造的一架天文望远镜发现了天王星。事实上，如果你知道天王星在哪个地方，那么它的亮度使你用裸眼刚刚可以看到它。

赫歇尔的天文望远镜
在德国出生的天文学家威廉·赫歇尔制造了超过400架天文望远镜。

平静的世界
旅行者2号空间探测器在1986年首次飞越天王星的附近。它看到了半颗天王星，这颗行星除了一层淡蓝色的大气之外，显然毫无其他特色。

多姿多彩的行星
天王星表面大气层里的甲烷吸收红色光线，因此这颗行星看上去呈现蓝绿色。

天王星

直径	51,118千米——地球的4.01倍
质量	地球的14.5倍
引力	地球的0.89倍
旋转周期	17小时14分
卫星数量	27

你能看到什么

观察说明
利用双筒望远镜看到天王星是可能的，但是通过天文望远镜，你可以看到更多。它看上去像一个蓝绿色的盘。

天文望远镜看

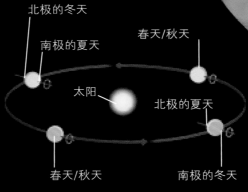

北极的冬天

南极的夏天

春天/秋天

太阳

北极的夏天

春天/秋天

南极的冬天

明亮的云
在天王星上，最高的云看上去是白色的，最低的云看上去是深蓝色的。

奇怪的季节
天王星极端的倾斜角使得南极或北极在很多年来都指向太阳，这产生了奇怪的季节变化。每个极点在度过42年的白昼之后会连续度过42年的黑夜。

变化的气候
在地球上的观测显示，天王星的运动比1980年左右更加激烈了，并且它拥有了明亮的云层。在它漫长的一季中，它的气候也随着改变。

海王星

海王星在1846年被发现，它比天王星要稍微小一点儿且颜色要稍微蓝一点儿。它是一个更加不稳定的世界，它有太阳系中速度最高的风和风暴肆虐的大气层。

海王星

直径	49,495千米——地球的3.89倍
质量	地球的17.1倍
引力	地球的1.14倍
旋转周期	16小时7分
卫星数量	13

你能看到什么

观察说明
如果你可以找到天王星，你就可以找到海王星。最好根据一张定位星图用小型天文望远镜去辨认它。它看上去是暗弱且带一点儿蓝色的。

天文望远镜看

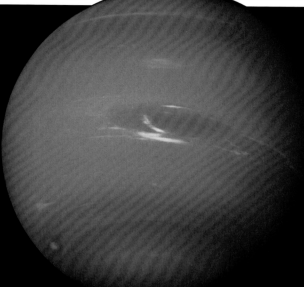

大黑斑
旅行者2号1989年在海王星发现了一个巨大的风暴，但是这个巨大的风暴看起来好像持续了没几年。

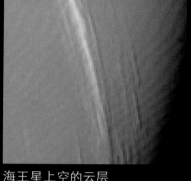

海王星上空的云层
流淌着的明亮云层在海王星高海拔区域延伸开来，将它们的影子投射到底下蓝色大气层深处。

在海王星上气候的变化

1,367 千米/小时：海王星表面的暴风速度。

冥王星

在一场深度搜索之后，微小的冥王星在1930年被发现，在2006年之前它都被分类为一颗行星。尽管我们现在知道它只是众多冰矮星中的一颗，但是它冰冷的表面和稀薄的大气层依旧显得那么令人着迷。我们不可能看见冥王星，甚至是用大的后院式天文望远镜也看不到，这是因为它融在无数微弱的星光之中。

冥王星和它的卫星
冥卫一作为冥王星最大的卫星，它的尺寸是主星的一半，冥王星和冥卫一永久保持相同的一面朝向彼此。冥王星至少还有其他三颗小卫星。

冥卫一（卡戎）　　冥卫三（许德拉）

冥王星

冥王星

直径	2,322千米——地球的0.18倍
质量	地球的0.002倍
引力	地球的0.07倍
旋转周期	6天9小时
卫星数量	4

柯伊伯带

在海王星轨道附近及轨道外面存在着无数小一些的冰质天体，它们分布在环绕太阳的一个带状区域，就叫作柯伊伯带。这些冰质矮天体的大小变化范围从很小的岩石到比冥王星还大的天体，比如说在2005年发现的厄里斯（阅神星）。

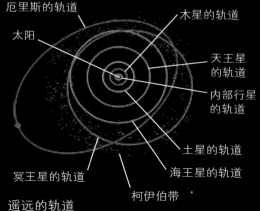

厄里斯的轨道
太阳
木星的轨道
天王星的轨道
内部行星的轨道
冥王星的轨道
柯伊伯带
土星的轨道
海王星的轨道

遥远的轨道
处在柯伊伯带上的天体花费好几个世纪才能绕太阳旋转一周，其中厄里斯要用557年。

卫星 [太阳系的卫星]

地球不是唯一一颗拥有卫星的行星。另外五颗行星也拥有它们的卫星家族，这些卫星大小不一，有微小的被捕获的小行星，也有跟行星本身差不多大的复杂天体。

火星

火星拥有两颗卫星，火卫一和火卫二。它们看上去像小行星，但是它们的形成过程可能跟月亮差不多，都是因为一次巨大的撞击。

木星

木星由63颗卫星组成一个庞大的家庭，包括可以被双筒望远镜看到的4颗巨型卫星，以及许多其他小卫星。

土星

土星由62颗卫星组成其家族，从巨大的土卫六（可以用小型天文望远镜看到）和土卫二到存在于土星环（见83页）里面的微小天体，变化范围很大。

天王星

天王星拥有27颗卫星：13颗卫星在天王星环的里面或附近绕天王星运行，在中间的5颗卫星非常大且是冰质的，另外9颗卫星的轨道离天王星比较远，它们也许是些被俘获的彗星。

海王星

目前已知的海王星卫星为13颗。冰冷的海卫一逆向绕着轨道运行，它可能是从柯伊伯带上捕获的一颗冰冷星（见85页）。

火卫一（弗伯斯）

木卫二（欧罗巴）

难逃一死的卫星
火卫一作为火星最大的卫星，将来有一天会撞向火星。

木卫一（艾奥）

火山世界
因木星的引力作用而被加热，木卫一是太阳系里面火山运动最为剧烈的世界。

冰球
木卫二那平坦冰冻的表面下隐藏着充满水的深海，这些海水被海底火山加热。

土卫一（弥玛斯）

土卫二（恩克拉多斯）

死亡之星
土卫一上面巨大的赫歇尔陨石坑是由一次足够击碎这颗卫星的巨大撞击形成的。

一片雪景
土星的潮汐力使得土卫二被加热，寒冷的土卫二内部的水被喷射出来，立即被冰冻住并以下雪的形式落回土卫二的表面。

海卫一（特里同）

极度寒冷
海卫一是海王星最大的卫星，它比太阳系中其他任何一个天体都要冷，它的表面温度为-235℃。

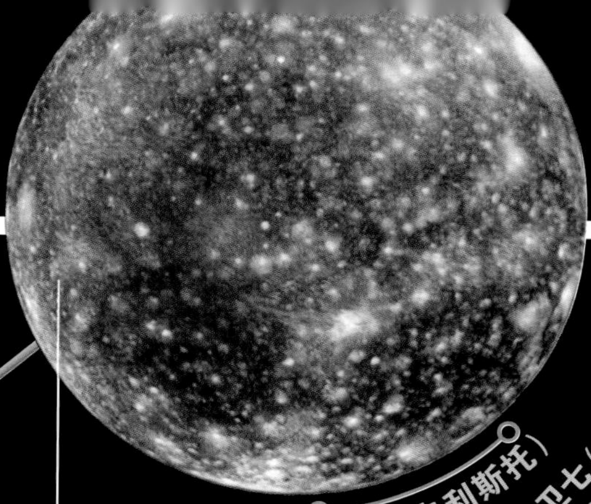

木卫三（伽倪墨得）

木卫四（卡利斯托）

土卫七（许珀里翁）

陨石坑的世界
跟木星其他几颗巨型卫星相比，它显得不怎么活跃。木卫四是太阳系中被陨石撞击最严重的一个世界。

杂乱的表面
木卫三有着一个极其复杂的表面，它随着时间逐渐变化。

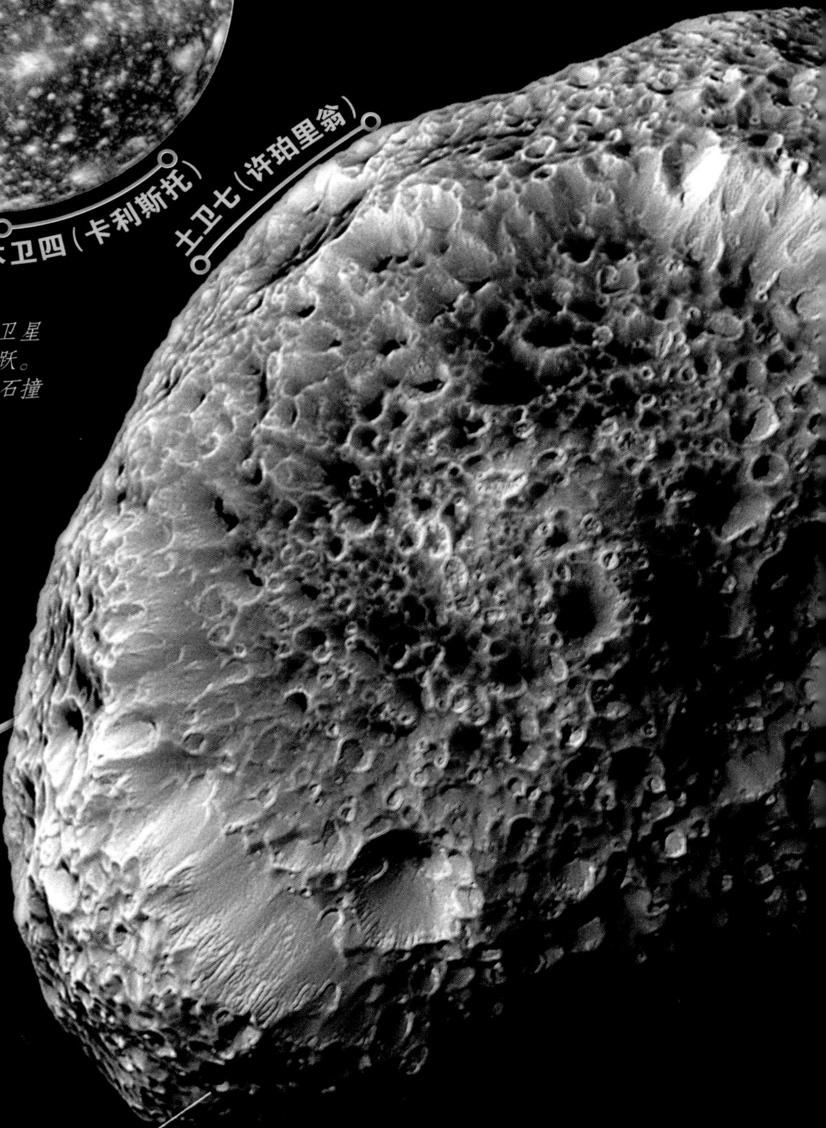

土卫六（泰坦）

破碎的残骸
海绵状的土卫七之前是一颗巨大卫星的核心，它被一次猛烈的撞击击碎并分离开来。

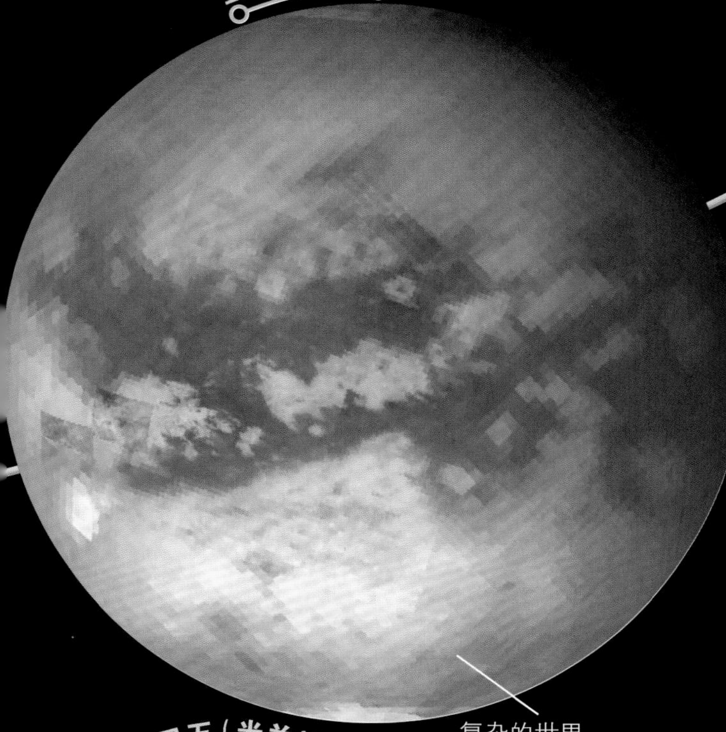

复杂的世界
土卫六是唯一一颗拥有大气层的卫星，在大气层下面有类似于地球的表面，表面上拥有充满化学液体的湖泊。

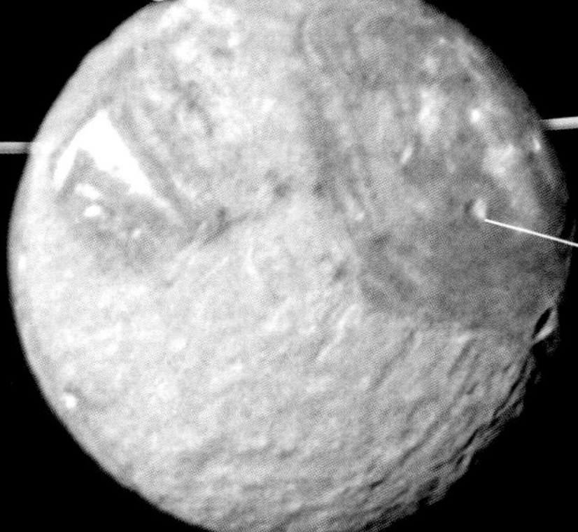

天卫五（米兰达）

自我毁灭的卫星
天卫五上面混乱的景色显得异常怪异，天文学家认为在它受自身引力重组之前几乎又被潮汐力给撕碎了。

木卫三是所有卫星中最

大的一颗：它的直径为5,260千米。

飞行的天体 [小行星和彗星]

作为行星和它们卫星的补充，太阳系中更小的天体也围绕着太阳旋转。包括了太阳系内比较靠近太阳的温暖区域里的岩石小行星，以及大部分时间都位于太阳系边缘的冰冷彗星，尽管彗星也偶尔接近太阳并被加热。

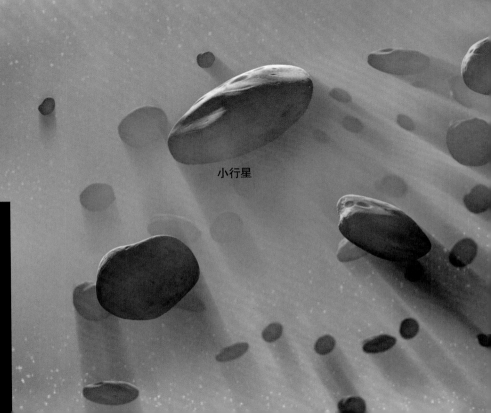

彗星

太阳

小行星

小行星带

小行星带位于火星轨道与木星轨道之间，大部分的小行星都被发现位于其中。目前已知的最大小行星为谷神星（刻瑞斯，Ceres），它的直径为950千米。小行星是在太阳系形成时留下的碎片，木星强大的引力令它们无法合并成为一颗行星。

火星

彗星

大部分彗星的轨道都位于海王星之外，在柯伊伯带（见85页）或者在被叫作奥尔特云的更远区域运动。当它们受到外力扰动时，偶尔会跌向太阳，太阳使得它们内部的冰融化，从而造成它们扩展的彗发和彗尾。

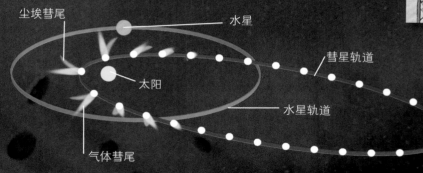

尘埃彗尾

水星

彗星轨道

太阳

水星轨道

气体彗尾

哈雷彗星
哈雷彗星每76年飞越太阳一次。它在1066年出现的场景被缝在了贝叶挂毯上，贝叶挂毯是法国的一种历史记录方式。

彗尾
太阳风使得彗尾总是被吹向远离太阳的方向。彗星经常会有两条彗尾，一条由气体组成，另外一条由尘埃组成。

* 宇宙年龄多大了?

* 什么将与银河系相撞?

* 有什么东西能够逃离黑洞吗?

星系和宇宙

我们的星系 [银河系]

所有我们在天空中可以看到的恒星都只是我们银河系中很小的一部分。这个巨大的旋涡星系包含了我们的太阳及整个太阳系，当然也包括了我们的地球。

你在这儿

通过测量银河周围的恒星分布以及它们的距离，天文学家知道了我们的太阳只是诸多恒星中普通的一员。太阳处在银河系的一条旋臂上，它距离银河系中心约26,000光年（见49页），大约在一个直径为100,000光年大盘的半径的二分之一处。

我们的太阳系
太阳和它的行星位于银河系中心到边缘中间的一半距离处。

银河系
这幅图显示了银河系，朝向充满恒星的中央凸起部分的方向看。

400,000,000,000 :

横跨天空的带
这张全景照片显示，从地球上看，整条银河环绕着地球的天空。明亮的恒星云和星云处在朝向银河系中心的方向上。

空间形状

不同的恒星占据着银河系中大量不同的位置。年老的红色和黄色恒星处在银核部分，新生的恒星环绕着整个平坦银盘。高温的蓝色恒星和白色恒星主要聚集在银河系的旋臂上。

旋臂
旋臂不是刚性结构，它们是大量明亮恒星的聚集。

椭圆形
从边上看，银河系看上去像是一对叠在一起的煎蛋。

从顶上看

从侧面看

银核
黄色和红色的恒星在一个椭圆团块里面绕转。

船底座星云
新生的恒星沿着旋臂出现。最亮的恒星在离开旋臂前就已经度过了自己的一生。

我们的视图

当我们在地球上朝不同的方向观望时，我们的视线穿过整个银河系，因此我们看到某一方向一颗接一颗的恒星，这些恒星形成了恒星云。在另外的一些方向，我们朝着远离银河系中心的方向看，只能看到比前者少很多的恒星。

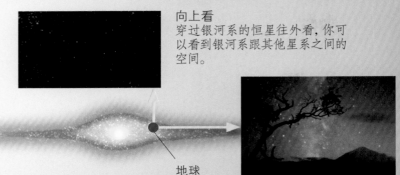

向上看
穿过银河系的恒星往外看，你可以看到银河系跟其他星系之间的空间。

地球

从地球往外看
当我们看向不同的方向时，我们可以看到银河系中非常不一样的画面。

横向看
无数的恒星形成了一条明亮且像云一样的光带横穿天空。

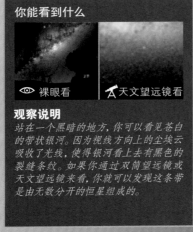

你能看到什么

👁 裸眼看   🔭 天文望远镜看

观察说明
站在一个黑暗的地方，你可以看见苍白的带状银河。因为视线方向上的尘埃云吸收了光线，使得银河看上去有黑色的裂缝条纹。如果你通过双筒望远镜或天文望远镜来看，你就可以发现这条带是由无数分开的恒星组成的。

银河系中 **恒星** 的数量。

黑暗的中心

银河系的核心离地球约26,000光年，它由一个巨大的黑洞支撑（见60至61页），这个黑洞的质量达到了几百万个太阳的质量总和。银核的恒星绕着黑洞旋转，并不跌入黑洞里面，但是当气体被它抓住并加热时，仍旧会释放出射电波。

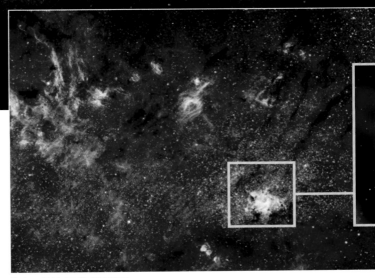

银河系的红外线视图
稠密的星云阻止了我们通过可见光去看银河系的内部，但是红外线可以揭示一些隐藏的特性，比如尘埃云。

银河系的中心
这幅X射线的视图显示了非常接近银河系中心的图像。我们可以看见围绕着中心黑洞的高温气体云，叫作人马座A。

银河

一个黑暗无月的夜晚，在印度洋的留尼汪岛，地球所在的星系——银河系扩展成一条壮观的光带横跨在天空中。耀眼的蓝色和白色显示出了最明亮的年轻星团。那粉红色的斑块是星云（见40页），新的恒星在那里诞生。

云星系 [邻居]

银河系非常巨大,它的引力使得一些小星系绕着它旋转。其中最大的不规则星系叫作大小麦哲伦云。

麦哲伦星系

在南半球,数千年之前这片云就已经为人所知。第一个记录下它的欧洲人是葡萄牙航海家斐迪南·麦哲伦,他是在1519年至1522年的一次环球航海时发现的。

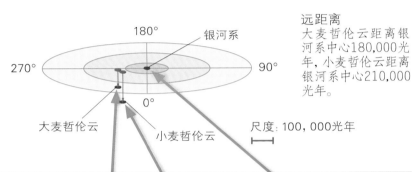

远距离
大麦哲伦云距离银河系中心180,000光年,小麦哲伦云距离银河系中心210,000光年。

尺度:100,000光年

大麦哲伦云(LMC)

大麦哲伦云比小麦哲伦云距离地球更近且尺度更大,它的横向跨度约为14,000光年。它富含气体、尘埃、恒星形成区和新生的大质量恒星。它里面的许多恒星沿着中央棒一字排开,因此它或许只有一根旋臂。

NGC 2047 星团
这个星团的形成可能是由超新星的冲击波引起的(见58页)。

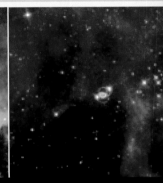

超新星1987A
一个发光的环标志出了一颗恒星在1987年爆炸后的遗迹。

碎片云
从地球上看,大小麦哲伦云都处在遥远的南方天空中。对于位于赤道南面的观察者来说,大小麦哲伦云看上去是与银河本体脱离的单独部分。

你能看到什么

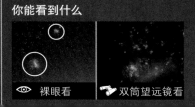

裸眼看　　双筒望远镜看

观察说明
对于裸眼来说,大小麦哲伦云看上去是银河系外各自独立的云块。双筒望远镜揭露了许多性质,比如说大麦哲伦云的中心恒星棒以及明亮的星云。

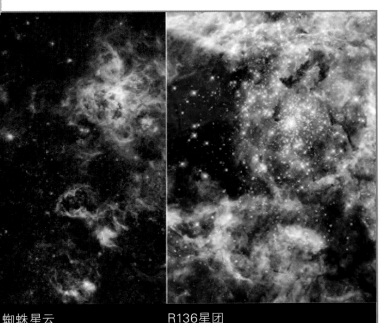

蜘蛛星云
这个大恒星形成区就位于大麦哲伦云里由恒星组成的中心棒的上方。

R136星团
这个星团位于蜘蛛星云的核心,它包含了许多已知的大质量恒星。

小麦哲伦云(SMC)

小麦哲伦云跨度大约仅有7,000光年。它和大麦哲伦云的结构不大一样,它里面充满了恒星形成所需的材料以及闪耀的年轻恒星。在被银河系的引力撕裂之前,它会以一个小的旋涡星系的形式开始它的生命。

NGC 602
这个年轻的星团在周围的气体云中挖出了一个洞穴。

NGC 346
从这个星团发出的射线雕刻出了周围的发光气体云。

星系相食

银河系的引力不仅仅使得小星系绕它旋转,还能将它们撕裂成碎片并进行完全吞噬。天文学家认为,巨大的半人马座欧米伽球状星团就是一个以前的星系被剥去外层后留下来的核。

半人马座欧米伽球状星团

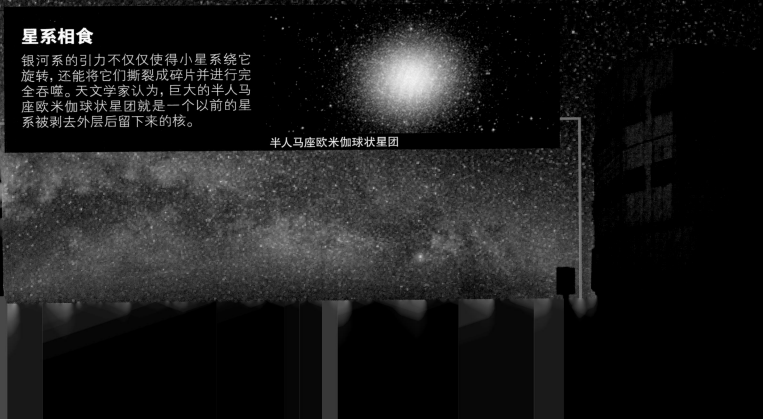

作为距离地球约2,500,000光年的巨大旋涡星系，仙女座大星系甚至比银河系还要大。它是夜空中用裸眼可以看见的最遥远天体。

巨大的旋涡
站在银河系内我们的位置上看，仙女座大星系（编号为M31）呈一定的倾斜角，黑色尘埃带描绘出了它的螺旋结构。跟我们的银河系一样，也有好几颗卫星系绕着仙女座大星系旋转，其中包括叫作M32和NGC205的明亮恒星球。

第一个目击者
仙女座大星系被中世纪的阿拉伯天文学家所记录下来。直到19世纪，人们才知道它是旋涡结构的。天文学家在它的距离及尺度上不能达成一致意见。

阿拉伯的描述
天文学家阿布德·热哈曼·阿尔苏飞的《恒星之书》是现在已知最早的对仙女座大星系进行说明和图解的书。

仙女座大星系有多远？
天文学家埃德温·哈勃通过寻找叫作造父变星的变星证明了仙女座大星系远离我们的银河系。变星的光变方式会显示出自己的真实亮度，哈勃利用这些发现来指出它们的真实距离。

脉动变星
造父变星亮度和大小的循环变化周期跟它的真实亮度联系在一起。

本星系群
银河系和仙女座大星系是本星系群里面最大的两个星系。本星系群是约50个星系在跨度为10,000,000光年空间里的星系集团。

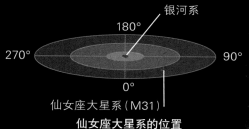

银河系

180°

270°　　　　　　　　　90°

0°

仙女座大星系（M31）

仙女座大星系的位置

尺度：一百万光年

你能看到什么

观察说明
就算没有双简望远镜或天文望远镜，在黑夜里也能很容易地认出仙女座大星系。你可以在天空中飞马座四边形的东北方看到一个模糊的斑点，那就是仙女座大星系。

 裸眼看

仙女座大星系与银河系在大约**50亿年**之后会相撞。

丰富多样的星系 [恒星组成的旋涡]

宇宙中存在数以千亿计的星系，每个星系中都包含了恒星、气体和尘埃。星系呈现各式各样的形状和大小，从复杂的旋涡星系到叫作椭圆星系的巨大椭球以及微小的不规则矮星系。

互相碰撞的星系

相对于它们巨大的尺寸，星系在太空中以惊人的速度靠近对方，相互之间分开的距离仅为它们自身尺寸的几倍。这样导致了一个结果，那就是发生相互碰撞非常普遍。天文学家认为碰撞导致了在哈勃分类体系（见101页）中不同的星系类型。

星系团

星系拥有如此大的质量，它们产生强大的引力使得星系之间相互吸引。它们倾向于形成松散的星系群，比如说我们所在的本星系群（见98页），以及由成百上千星系组成的大星系团。由若干个星系团聚集在一起构成的超星系团是宇宙中最大的东西。

艾贝尔2218星系团
这个距我们20亿光年之遥的星系团包含数千个星系。

800,000,000,000：

天文学家推测宇宙中星系的数量。

埃德温·哈勃

在1925年，美国天文学家埃德温·哈勃证明了星系是远离银河系的恒星系统。他后来发明了一种用于不同星系分类的系统。

埃德温·哈勃
哈勃不仅仅发现了宇宙的真实尺度，他还证明了宇宙正在膨胀。

双鼠星系
这一对惊人的旋涡星系距离地球约300,000,000光年。因为两个星系相互碰撞，所以它们的旋臂松散开来并创造出了延伸开来的尾巴。

要点：星系	
棒旋星系	
旋涡星系	
巨椭圆星系	
透镜星系	
不规则星系	
射电星系	
耀变体星系	
类星体星系	
赛弗特星系	

星系的分类

哈勃的星系分类系统将星系分为棒旋星系（如我们的银河系）、普通旋涡星系、球状的椭圆星系、无旋臂的透镜星系或由不成形的气体云和恒星组成的不规则星系。

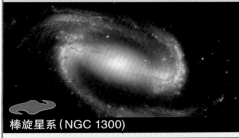

棒旋星系（NGC 1300）

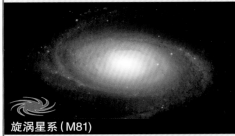

旋涡星系（M81）

巨椭圆星系（M87）

透镜星系（NGC 2787）

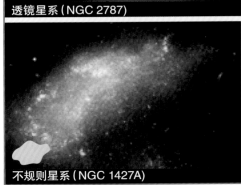

不规则星系（NGC 1427A）

活动星系

当一个星系的中心黑洞（见60至61页）毁灭性地吸积飘到它附近的材料时，这个星系会释放明亮的光线以及其他不同的辐射。天文学家已经确认了活动星系的四种主要类型，如下图所示。

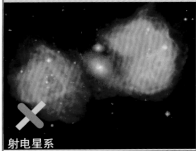

射电星系

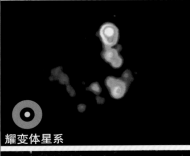

耀变体星系

类星体星系

赛弗特星系

丰富多样的星系

这幅哈勃太空望远镜拍摄的图片显示了散布在宇宙空间中的遥远星系。最遥远的天体距离我们有数十亿光年，使得我们可以回望过去（见104至105页）。我们可以回溯到通过星系间的碰撞形成我们今日所见的大星系之时。

来到宇宙的边缘

通过看向数十亿光年之外的空间，我们开始了解我们的宇宙结构和它起源的可能。

深度视图
我们可以看到的最遥远星系距离约为130亿光年。我们看到它们在宇宙非常年轻时正在形成。

宇宙时间机器

根据光线的传播速度（见49页），当我们往宇宙空间看得更远时，我们也就看到了更远的过去。当我们观看数十亿光年远的地方，我们可以看到一个拥有剧烈运动着的类星体（见101页）、明亮的不规则星系以及星系碰撞的年轻宇宙。

我们宇宙的年龄约为 **137** 亿年。

大爆炸

科学家通过计算得到我们的宇宙始于137亿年前的一次大爆炸。大爆炸创造了宇宙中所有物质和能量，同时也包括我们的时空。

第一代恒星
终于，物质云结合在一起形成了第一代巨大的恒星。

第一代星系
星系在第一代恒星死亡后留下的黑洞附近逐渐形成。

哈勃超深场
最遥远的哈勃图像。它可以追溯回132亿年前那个时期。

哈勃深场
第一张从哈勃空间望远镜得到的深空图像。它可以追溯回12亿年前。

从覆盖全天的微弱无线电波中，我们可以看到正在冷却中的大爆炸余辉。

大爆炸

在大爆炸后2亿年里，宇宙中没有恒星，度过了一段黑暗时代。

宇宙膨胀

宇宙万物之间相互退离。星系之间的距离越远，相互之间的退离速度也就越快。尽管很难去进行描绘，但是我们的宇宙像个充气气球一样正在膨胀！

回望过去

宇宙膨胀意味着在遥远过去的某一时刻，宇宙中所有东西都紧密地结合在一起。

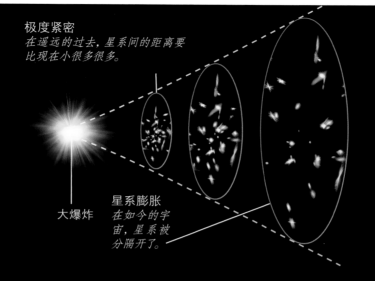

极度紧密
在遥远的过去，星系间的距离要比现在小很多很多。

大爆炸

星系膨胀
在如今的宇宙，星系被分隔开了。

活动星系

我们更有可能看到正在远离我们的剧烈活动星系。

哈勃空间望远镜

1990年发射升空，这个围绕地球旋转的空间望远镜给我们提供了早期宇宙的深度视图。

跨越整个宇宙

在强大的技术支持下，我们可以将目光投向时空的边缘，去探测大爆炸刚刚结束时发出的光和无线电波。

地球

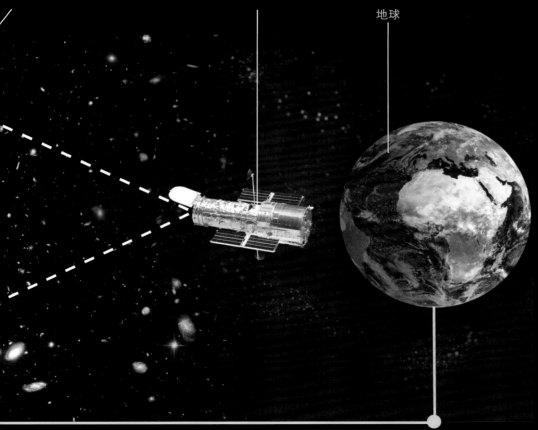

现在

137亿年之后

更多信息

《很大很大的大问题：关于时空》
[英]马克·布雷克/著

哈勃深场
活动星系
宇宙膨胀
哈勃超深场
宇宙微波背景

《宇宙》第1、2、3季（历史频道）

参观位于西弗吉尼亚州波卡洪塔斯县的绿岸射电望远镜，这个望远镜是全世界最大的全可动射电望远镜，它看向太空深处。

类星体：星系的明亮中心，人们认为它由一个大质量黑洞支撑着。

无线电波：电磁波中波长最长的射线。太空中的很多天体都发射出无线电波。

矮星系
小的星系，经常呈球形或不规则形状。

白矮星
高温高密度的空间天体，尺寸跟地球差不多，由燃烧完的恒星核构成。

北极光
展现在天空中五颜六色的亮光，它是由来自太阳的粒子进入地球大气引起的。北极光(aurora borealis)也叫作"northern lights"。

冰矮星
很小且很寒冷的天体，它们环绕太阳的轨道运行，且轨道超出海王星。

超巨星
一颗巨大的恒星，它的直径比地球绕太阳旋转的轨道直径还要大很多。

超新星
当大质量恒星在终结它的正常一生时爆炸，这爆炸产生了超新星的爆发。一颗超新星的爆发亮度可以超过一个星系中所有恒星的亮度之和。

磁场
空间中一些行星和其他天体附近的不可见区域，在这些区域可以感受到磁场的作用力。磁场影响了从附近穿过的一些其他天体。

大气
围绕于行星或恒星的一层气体。地球的大气我们就叫作空气。

电子
带有负电的轻粒子，在原子里面被发现。

反射望远镜
一个通过反射镜面收集光线的设备，使我们能得到明亮且被放大的像。

辐射
电子的移动和磁场的扰动以光和热的形式表现出来，它也叫作电磁辐射。

干冰
二氧化碳的固体冰冻形式。

勾陈
一颗非常靠近北天极的恒星，勾陈一也叫北极星。

光度
一颗恒星产生能量多少的一种测量方式，或者说一颗恒星跟太阳比较的相对亮度。

光年
以光在真空中走过一年的距离为一个单位。一光年近似等于9,500,000,000,000千米。

光球层
太阳那耀眼的外表面。它由高温气体组成，它释放出地球从太阳收到的几乎所有光线。

轨道
受到引力的影响，一个天体围着另一个天体绕转所经过的路径。地球就在绕着太阳的轨道上移动。

哈勃空间望远镜
围绕地球旋转的一架天文望远镜。它由美国国家航空航天局操作，给我们提供了大量太空天体的清晰图像。

氦
一种很轻的气体。氦是宇宙中第二常见的元素。

行星
绕着类似太阳这样的恒星运行的天体。行星本身并不发光，而是反射它们所绕转恒星的光。

行星状星云
一颗红色恒星死亡时抛射的外层气体。

核聚变
融合原子核的过程。它创造了更重的原子并释放巨大的能量。太阳通过核聚变而燃烧。

核
一颗恒星或行星的中心，核里的物质温度非常高且被最大限度地压缩了。

黑洞
一颗死亡的恒星形成的超大密度塌缩核，它吞噬了附近所有天体，甚至连光线都不能从黑洞逃脱，因此黑洞用裸眼是看不到的。

恒星
一个巨大的发光气体球，它自身发散热量和光线。我们的太阳就是一颗恒星。

红巨星
一颗接近生命终点的巨大恒星，它拥有相对较低的温度并释放红色光线。

红外线
不可见光的一种，它们由很冷的天体发出，太冷所以不足以发射可见光。特殊的摄像机可以利用红外线去识别这些天体，这用一般的摄像机是看不到的。

环形山
行星表面碗状洼地，通常是由陨石撞击形成的。

黄道带
太阳沿着黄道运动时每年都会穿过的12个古代星座。

黄道
太阳每年在天球上的运动轨迹。

彗星
一大块冰冻的气体和尘埃，它沿着一条窄长的轨道围绕太阳旋转。当一颗

月球的表面积跟**非洲大陆**的面积相当。

词汇表

彗星接近太阳时,它被加热使得尘埃和蒸气流跟随其后形成一条壮观的"尾巴"。

焦点
这个点位于望远镜里光束聚集的地方,因此图像可以看得更加清晰。

类星体
明亮的星系中心,被认为是由一个巨大的黑洞来提供能量的。

流星
天空中明亮的光线,它是由陨星进入地球大气并燃烧产生的。

脉冲星
一颗拥有很强磁场的中子星,它发射出高速旋转的光束,这跟灯塔的行为非常相似。

气态巨行星
一颗拥有很小的固体核以及包围着大量气体的巨型行星。

氢
宇宙中最轻也是最常见的元素。大部分恒星和星际气体都由氢组成。

球状星团
一个星球形的星团。它包含了成千上万颗非常年老的淡黄色恒星。

熔岩管
由行星表面底下的熔岩冲刷出来的隧道。

射电波
在无线电频率范围的电磁波。

食
三个天体相互之间排成一条直线时发生的事件。例如在地球上看,月亮从太阳前面穿过之时,或者地球从太阳和月亮中间穿过之时。

事件视界
黑洞周围的边界,它标出了在这边界之内的任何东西都不能逃离黑洞引力对它的束缚。

疏散星团
一个包含几十颗恒星的小星团,这些恒星都是在不远的过去形成的且来自同一个星云。

双星
由围绕着空间中一个共同点旋转的两颗恒星构成的恒星系统。

太阳风
一束来自太阳表面且吹越太阳系的粒子流。

太阳黑子
太阳表面相对较冷的小块区域,它跟周围明亮的区域相比就显得黑暗了。太阳黑子是由太阳磁场造成的。

太阳系
受类似太阳这样的中心恒星引力作用,所有东西都在绕着中心恒星的轨道上运行。我们的太阳系包括行星、卫星、彗星、冰矮星和一些其他天体。

太阳耀斑
在太阳大气中,氢气的突然爆发。它是由于太阳磁场的变化而产生的。

探测器
一架无人驾驶的自动飞船,它被发射出去研究行星以及附近的一些其他天体。

天极
直接位于地球两极上空天球上的两个点中的其中一个,天球绕着两天极的连线旋转,这与地球的自转很类似。

天球
围绕着天空假想的一层球壳,在天球上所有恒星和行星的运动都可以被标绘。

天然卫星
围绕着行星旋转的一个很大的固态物体。它是天然产生的卫星。地球的卫星——月球是一个没有大气和生命的小世界。

天文单位
等于地球和太阳之间平均距离的一个单位,它的大小为150,000,000千米。

天文学家
研究宇宙中恒星及其他天体的科学家。

凸月
用以描述呈现凸出状态的月亮,此时它比半月要大但是还没有达到满月。

团
一群恒星或星系。

卫星
在一颗较大天体的引力作用下,一颗较小的天体围绕着它旋转。卫星可以是像月球这样自然产生的,也可以是人工制造的。

相位
从太空中的另一个地方看,行星或卫星反射太阳光线的表面积大小。

小行星
围绕着太阳旋转的一大块岩石,它形成于太阳系形成之时。

星等
用来表示恒星的亮度。视星等是从地球上看恒星的亮度。

星群
一群恒星形成一个容易辨别的模式。

水星上的一年等于地球上的88天。

星系

由恒星、气体、尘埃组成的巨型结构，它经常以螺旋、椭球或不规则云的形状呈现。

星云

在星际空间由气体和尘埃组成的云，恒星在这云里面诞生。

星座

天文学家所做的天空分区，或者是在这些分区里面的星星组合模式。全天共有88个星座。

耀变体

一个将物质喷流指向地球的活跃星系。

引力

行星或恒星等大质量天体将其他物体拉向它所使用的力。

原子核

原子的中心部分。

原子

物质的微小粒子，它由质子、中子和电子构成。原子是可以参与化学反应的最小粒子。

月球背面

月球的这一面永远是背对着地球的。

月球正面

月球的这一面永远朝向地球。

陨石

一块在穿越行星大气层时没有被燃烧完的太空碎片。它最终撞击在行星的表面上。

陨星

一块在行星周围的太空碎片穿越行星大气时会燃烧。陨星的尺寸范围很大，当它们进入大气燃烧时在天空中产生非常明亮的光线。

造父变星

恒星的一种类型，随着它的尺寸和亮度周期性的变化而脉动。

长曝光

用在摄影上的一种技术，保持照相机快门打开很长的一段时间，使得它能收集到比用裸眼收集更多的光线。

折射望远镜

一个通过透镜收集光线的设备，使我们能得到明亮且被放大的像。

阵列

同一时刻用来一起观看天空的多架望远镜组合。

质子

一颗带正电的粒子，它在原子的原子核里被发现。

中子

不带电荷的粒子，它比质子要稍微大一点儿。除了氢，所有原子的原子核里都发现了中子。

中子星

稀少的超高密度天体，它是由恒星燃烧完后的恒星核塌缩形成的。它由中子组成且快速旋转。中子星通常就是脉冲星。

轴

一根假想的直线，它连接旋转物体（比如地球）的顶部和底部。物体绕着这根轴旋转。

主序

恒星生命周期中持续时间最长的一个阶段，在这阶段，恒星因为有稳定的核反应而发光。当恒星核心的氢用完了之后，恒星也就离开了主序阶段。

紫外线

不可见光的一种类型，由温度太高以至于不能发出可见光的天体产生。

X射线

辐射的一种类型，它由恒星和热气体云产生。X射线是高频波，由宇宙中一些最猛烈的过程发射出来。

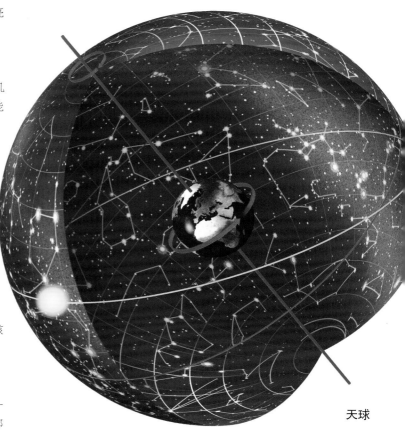

天球

索引

出版者感谢下列机构和个人允许使用他们的图片。

1: Alex Cherney/Terrastro; 2–3: National Optical Astronomy Observatory; 6: NASA; 7l: David Nunuk/Photo Researchers, Inc.; 7cr: NASA; 7r: Hubble Telescope; 8–9: Kevin Schafer/Getty Images; 10–11: Hubble Telescope; 12l: B.A.E. Inc./Alamy; 12c: Photo Researchers, Inc.; 12r: National Geographic Society/Corbis; 14tr: Photo Researchers, Inc.; 16–17 (eye, binoculars, telescope, and camera icons): Shutterstock; 16–17 (Moon surface): NASA; 16 (Moon): J. Sanford/Photo Researchers, Inc.; 16 (rod cells) Steve Gschmeissner/Science Photo Library; 17tl: Malcolm Park astronomy images/Alamy; 17cl: John Chumack/Photo Researchers, Inc.; 17bl: Hubble Telescope; 17tr: B.A.E. Inc./Alamy; 18tr: National Geographic Society/Corbis; 18bl: Steve Cole/Getty Images; 18br: lamsania/Shutterstock; 19tl, 19clt, 19clb, 19bl: NASA Chandra; 19tr: NASA; 19crt: Hubble Telescope; 19crb: Science Photo Library; 19br: NASA; 20t: Arco Images GmbH/Alamy; 21br: Richard Cummins/Corbis; 23tr: Science Museum; 23b: Babak Tafreshi/Photo Researchers, Inc.; 24bl: HIP/Art Resource; 26cl: Royal Astronomical Society/Photo Researchers, Inc.; 26bl: SPL/Photo Researchers, Inc.; 29tc: Sheila Terry/Science Photo Library; 29tr: J-L Charmet/Photo Researchers, Inc.; 29br: Royal Astronomical Society/Science Photo Library; 30–31: David Nunuk/Photo Researchers, Inc.; 32–33 (meteor shower): Tony & Daphne Hallas/Science Photo Library; 32tl: SPL/Photo Researchers, Inc.; 32bl: Detlev van Ravenswaay/Photo Researchers, Inc.; 32c: Photo Researchers, Inc.; 32br: Mark Garlick/Photo Researchers, Inc.; 33tr: NASA; 33bl: Dieter Spannknebel/Getty Images; 33bc: Detlev van Ravenswaay/Photo Researchers, Inc.; 33br: Louie Psihoyos/Corbis; 34l: European Space Agency/Photo Researchers, Inc.; 34c: National Optical Astronomy Observatory; 34r: Hubble Telescope; 36t: NJIT; 36cl: Claus Lunau/Science Photo Library; 36cr: Daniel J. Cox/Corbis; 37br: EFDA-JET/Photo Researchers, Inc.; 38, 39 (star birth): Hubble Telescope; 39 (star cluster): NASA; 39 (main sequence): Russell Croman/Photo Researchers, Inc.; 39 (red giant), 39 (planetary nebula): Hubble Telescope; 39 (supernova): NASA; 40 (Betelgeuse): Hubble Telescope; 40 (Rigel): John Chumack/Photo Researchers, Inc.; 40 (Orion's belt): NASA; 40 (Horsehead Nebula): National Optical Astronomy Observatory; 40 (Great Orion Nebula): Hubble Telescope; 41br: Eckhard Slawik/Photo Researchers, Inc.; 42 (NGC 6822), 42 (Omega/Swan Nebula): Hubble Telescope; 42 (Trifid Nebula): National Optical Astronomy Observatory; 42 (Lagoon Nebula): European Southern Observatory; 42 (globular cluster M22): NASA; 43br: Jerry Schad/Photo Researchers, Inc.; 44–45, 45cr: Hubble Telescope; 46br: Eckhard Slawik/Photo Researchers, Inc.; 47 (M96): NASA; 47 (M66), 47 (Leo triplet): Hubble Telescope; 47 (Regulus): Russell Croman/Photo Researchers, Inc.; 48–49 (Neptune): Petr84/Shutterstock; 48–49 (Proxima Centauri): NASA; 48 (Moon): Eckhard Slawik/Photo Researchers, Inc.; 48 (Sun): Science Source/Photo Researchers, Inc.; 48b: Culver Pictures, Inc./SuperStock; 49tr: John Chumack/Photo Researchers, Inc.; 49 (Earth): Petr84/Shutterstock; 49 (Oort Cloud): Claus Lunau/FOCI/Bonnier Publications/Photo Researchers, Inc.; 49 (human skull): Pascal Goetgheluck/Photo Researchers, Inc.; 49 (Roman helmet), 49 (Stonehenge): iStockphoto; 49 (dinosaur skull): Marquea/Shutterstock; 50 (North America Nebula): NASA; 50 (Cygnus X-1): David A Hardy, Futures: 50 Years in Space/Science Photo Library; 50 (Crescent Nebula): NASA; 50 (Veil Nebula): National Optical Astronomy Observatory; 50 (Cygnus and Phaeton): The Print Collector/age fotostock; 50 (Albireo): NASA; 51br: Gerard Lodriguss/Photo Researchers, Inc.; 52br: Frank Zullo/Photo Researchers, Inc.; 53 (supergiant): National Optical Astronomy Observatory; 53 (Antares): Sebastian Kaulltzki/Shutterstock; 53 (Pismis 24): NASA; 53 (Cat's Paw Nebula): European Southern Observatory; 54–55: Hubble Telescope; 56 (Orpheus): Fine Art Photographic Library/SuperStock; 56 (Epsilon Lyrae): Galaxy Pictures; 56 (Vega): Chris Butler/Photo Researchers, Inc.; 56 (Cluster M56), 56 (Ring Nebula): Hubble Telescope; 57br: Jerry Schad/Photo Researchers, Inc.; 58 (Nebra sky disk): Wikipedia; 58 (Pleiades): Hubble Telescope; 58 (Crystal Ball Nebula): NASA; 58 (Hyades): Pekka Parviainen/Science Photo Library; 58 (Crab Nebula): Hubble Telescope; 59bl: Frank Zullo/Photo Researchers, Inc.; 60bl: Shutterstock; 60 (pin): Dvarg/Shutterstock; 60 (tanker): Ints Vikmanis/Shutterstock; 61br: Triballum/Shutterstock; 62l: European Southern Observatory; 62c, 62r: NASA; 64 (Sun): Andrea Danti/Shutterstock; 64 (orbiting planets diagram), 64 (Mercury): NASA; 64 (Earth): Shutterstock; 64 (Venus): Luis Stortini Sabor/Shutterstock; 64 (Mars): Sabino Parente/Shutterstock; 65 (Jupiter): NASA; 65 (Uranus): Sabino Parente/Shutterstock; 65 (Saturn): Luis Stortini Sabor/Shutterstock; 65 (Neptune): Sabino Parente/Shutterstock; 64–65 (telescope views at bottom): Galaxypix; 66 (Sun): Science Source/Photo Researchers, Inc.; 66–67 (all planets): Petr84/Shutterstock; 66 (beach ball): Albachiaraa/Shutterstock; 66–67 (baseball): Iraladybird/Shutterstock; 67 (tennis ball): Prism68/Shutterstock; 67 (golf ball): Maniacpixel/Shutterstock; 67 (Ping-Pong ball): Doodle/Shutterstock; 67 (pea): Atoss/Shutterstock; 67 (lentil): Spaxiax/Shutterstock; 67 (rice): Angelo Gilardelli/Shutterstock; 68–69 (Moon phases): Eckhard Slawik/Photo Researchers, Inc.; 69tl: Oorka/Shutterstock; 69tr: Philippe Morel/Photo Researchers, Inc.; 70 (crater from side), 70 (crater from overhead), 71t: NASA; 72tr: Detlev van Ravensway/Photo Researchers, Inc.; 72–73 (all others), 74–75: NASA; 76–77 (solar system diagrams): NASA; 76 (Mercury eye view): Larry Landolfi/Photo Researchers, Inc.; 76 (Mercury telescope view): Galaxypix; 76 (Venus eye view): Babak Tafreshi/Photo Researchers, Inc.; 76 (Venus telescope view): Galaxypix; 76bl, 76c: NASA; 76br: Galaxypix; 77t: Babak Tafreshi/Photo Researchers, Inc.; 77r: NASA; 77cl: Stocktrek Images, Inc./Alamy; 77cm: NASA; 77bl: Don P. Mitchell; 78 (Mars eye view), 78 (Mars telescope view): Hubble Telescope; 78 (rover), 78 (icy planet): NASA; 78 (river valley): European Southern Observatory; 78b: NASA; 79tr: Mary Evans Picture Library/Alamy; 79cl: Detlev van Ravensway/Photo Researchers, Inc.; 79cr, 80–81 (Jupiter), 80t: NASA; 80c: Hubble Telescope; 80bl: NASA; 81 (Jupiter eye view): Laurent Laveder/Photo Researchers, Inc.; 81 (Jupiter telescope view): Galaxypix; 81 (Callisto), 81 (Ganymede), 81 (Europa), 81 (Io): NASA; 81tr, 81br: Hubble Telescope; 82–83 (Saturn): NASA; 83 (all): Hubble Telescope; 84–85 (solar system diagrams): NASA; 84tl: Science Source/Photo Researchers, Inc; 84tc: Royal Astronomical Society/Science Photo Library; 84tr: Victor Habbick Visions/Photo Researchers, Inc.; 84r: California Association for Research in Astronomy/Photo Researchers, Inc.; 84 (Uranus telescope view): Galaxypix; 85tc, 85tr: NASA; 85 (changing weather): Hubble Telescope; 85 (Neptune telescope view): Galaxypix; 86–87 (all): NASA; 89br: with special authorization of the city of Bayeux/Bridgeman Art Library; 90l: NASA; 92–93 (Milky Way), 92br: European Southern Observatory; 93tl: David Nunuk/Photo Researchers, Inc.; 93tc: Babak Tafreshi/Photo Researchers, Inc.; 93 (eye view): B.A.E. Inc./Alamy; 93 (telescope view): European Southern Observatory; 93bl, 93br: NASA; 94–95: Luc Perrot; 96–97 (Milky Way): European Southern Observatory; 96tc, 96tr: Hubble Telescope; 96 (eye view): European Southern Observatory; 96 (binocular view): NOAO/AURA/NSF/S.Points, C.Smith & MCELS team; 97tl: European Southern Observatory; 97tcl, 97tcr, 97tr: Hubble Telescope; 97 (Omega Centauri): European Southern Observatory; 98tl: Bodleian Library; 98cl, 98cr: European Southern Observatory; 98bl: William Attard McCarthy; 98–99 (Andromeda), 100–101 (Mice galaxies), 100bl: Hubble Telescope; 101tl: Emilio Segrè Visual Archives/American Institute of Physics/Photo Researchers, Inc.; 101 (center column): Hubble Telescope; 101tr: NASA; 101crt: Jodrell Bank/Science Photo Library; 101crb: NASA/ESA/STSCI/J. Bahcall/Princeton IAS/Science Photo Library; 101br: National Optical Astronomy Observatory; 102–103, 104tr: Hubble Telescope; 105tc: Victor De Schwanberg/Science Photo Library; 105tr: Richard Kail/Science Photo Library.

ARTWORK

7cl, 14–15 (all others), 17 (all other icons), 20 (all others), 21 (all others), 22 (all), 23 (all others), 24–25 (all others), 26–27 (all others), 28–29 (all others), 36–37 (Sun cross section), 40 (all others), 41 (star map), 42, 43 (star map), 45, 46 (star map), 47 (all others), 50 (all others), 51 (star map), 52 (star map), 53 (star map), 56, 57 (star map), 58 (all others), 59 (star map), 60–61 (all others), 68–69 (all others), 70–71 (all others), 78–79 (all others), 80br, 84–85 (all others), 88–89 (all others), 90 (all others), 92–93 (all others), 96tl, 98bc, 101 (all icons), 104–105b, 108: Tim Brown/Pikaia Imaging; 18 (telescopes): Tim Loughhead/Precision Illustration; all other artwork: Scholastic.

COVER

Front cover: Louie Psihoyos/Science Faction/Corbis. Back cover: (star maps) Tim Brown/Pikaia Imaging; (northern lights) Chris Madeley/Photo Researchers, Inc.; (computer screen) Manaemedia/Dreamstime.

致谢